陕西省常见非法贸易野生动物及制品鉴别指南

冯慧 曹芳君 裴俊峰 等著

U0296652

化学工业出版社

·北京·

内容简介

本书列举了陕西省常见的国家级和省级重点保护濒危野生动物，包括36种哺乳纲、85种鸟纲、9种两栖纲和爬行纲以及2种鱼纲动物。本书着重介绍了132种野生动物的外形特征、拉丁名、英文名、分类地位、保护级别、分布范围、基因库序列等，选择性地配照片；详细介绍了野生动物微观鉴定方法和分子鉴定所用到的通用和特殊引物。并附上《陕西省重点保护野生动物名录（2022年）》。本书归纳总结了陕西省常见的非法贸易野生动物及制品的形态识别要点、最新的微观鉴定方法等，用图文并茂的典型案例生动诠释了"什么是濒危野生动物"。

本书可为海关、公安、国家药品监督管理局等一线执法人员以及在高校、研究所等从事野生动物鉴定、濒危野生动物保护的科研工作者提供参考。

图书在版编目（CIP）数据

陕西省常见非法贸易野生动物及制品鉴别指南/冯慧等著. —北京：化学工业出版社，2023.10
ISBN 978-7-122-42850-9

I.①陕… II.①冯… III.①野生动物-鉴别-陕西-指南②野生动物-动物产品-鉴别-陕西-指南 IV.①Q958.524.1-62②S874-62

中国国家版本馆CIP数据核字（2023）第197895号

责任编辑：王　琰　仇志刚　　　　装帧设计：韩　飞
责任校对：宋　夏

出版发行：化学工业出版社
　　　　　（北京市东城区青年湖南街13号　邮政编码100011）
印　　装：北京建宏印刷有限公司
710mm×1000mm　1/16　印张19½　　字数307千字
2024年1月北京第1版第1次印刷

购书咨询：010-64518888　　　　售后服务：010-64518899
网　　址：http://www.cip.com.cn
凡购买本书，如有缺损质量问题，本社销售中心负责调换。

定　　价：198.00元　　　　　　　版权所有　违者必究

陕西地处我国内陆腹地，南北狭长，地貌类型多样，从北向南依次为长城沿线风沙区、陕北黄土高原丘陵沟壑区、关中平原、秦巴山区。这些独特的地理条件适合多种多样的野生动植物生存。秦岭呈东西走向，是黄河、长江两大流域的分水岭，形成三种不同的气候类型，即陕南北亚热带湿润半湿润气候、关中暖温带半湿润气候、陕北温带干旱半干旱气候。秦岭是我国气候、水文等自然地理要素的分界和过渡带。在动物地理区划上，秦岭是古北界和东洋界的分界线，秦岭北坡属于古北界，南坡属于东洋界，因此秦岭的许多动物都兼具有古北界和东洋界的特征。秦巴山区特殊的地理位置、复杂的地貌类型以及过渡性的气候条件，使陕西省不仅成为中国北部生物物种多样性丰富度最高的省份之一，也成为我国和东亚地区暖温带与北亚热带地区生物多样性最为丰富的地区之一。据统计，陕西省现有陆生脊椎野生动物 792 种（哺乳纲 149 种、鸟纲561 种、爬行纲 56 种、两栖纲 26 种）约占全国总数的 30%，其中国家一级野生保护动物（简称国家一级）35 种，最具代表性的秦岭四宝"大熊猫、川金丝猴、朱鹮、羚牛"是陕西的名片，还有林麝、豹、云豹、遗鸥、大鸨、中华秋沙鸭、黑鹳等；国家二级野生保护动物（简称国家二级）121 种。明星动物、旗舰物种是生态系统的关键。保护旗舰物种，就是撑起生物体系、生态系统"保护伞"。人与自然是生命共同体，为野生动植物撑起保护伞，也撑起了人类可持续发展的保护伞，要全面带动生态保护修复、生态系统管理、生态空间治理，夯实建设美丽中国的生态之基。

野生动物非法贸易是威胁野生动物种群生存的主要因素之一，直接造成野生动物濒危和灭绝。同时一些野生动物携带病原体，进而成为传染源，野生动物非法贸易会导致动物疾病感染人类。存在野生动物及其制品被非法用于生产中药、工艺品等的现象。野生动物非法贸易形式多样，属于濒危野生动植物种国际贸易公约（CITES）附录Ⅰ、附录Ⅱ、附录Ⅲ管制的和国家法律保护的野生动物众多，极大地增加了执法工作的难度。部分民众缺乏基本的野生动物物种识别知识，加之不了解相关法律法规，可能无意间参与野生动物非法贸易。因此，认识什么是野生动物非法贸易，具有重要的社会意义。

近年来，生态文明建设和野生动物保护工作受到前所未有的重视和关注，执法机关在打击野生动物及产品非法贸易方面的监管力度和执法效率也与日俱增。随着《国家重点保护野生动物名录》《国家保护的有重要生态、科学、社会价值的陆生野生动物名录》《濒危野生动植物种国际贸易公约附录水生动物物种核准为国家重点保护野生动物名录》《国家重点保护野生动物驯养繁殖许可证管理办法》《罚没陆生野生动物及其制品管理和处置办法》《国家重点保护陆生野生动物及其制品专用标识管理办法》《中华人民共和国野生动物保护法》及相关标准规范的调整和颁布，秦岭地区部分野生动物的保护级别也出现了相应的调整。而野生动物的司法鉴定，是执法部门判定涉案人员违法情节、涉及罪名和量刑的重要根据。因此，野生动物及其制品的识别显得越来越重要。在这一前提下，精准鉴别陕西及秦岭地区野生动物及其制品，就成了监管部门能够精准执法的重要保障。

陕西省动物研究所前身为1963年成立的陕西省秦岭生物资源考察队，是我国西北地区从事野生动物研究保护的综合性研究机构。

经过多年的积累，陕西省动物研究所标本室现有 6 纲 24 目标本 5 万余种，几乎囊括了陕西省所有相关动物。这些标本是陕西省野生动物重要的档案资料，也是野生动物宏观形态鉴定的可靠依据。陕西省动物研究所从 2003 年开始进行野生动物物种鉴定工作，经过二十多年的积累，收集了非法贸易野生动物物种的丰富信息和大量照片。本书为陕西省动物研究所长年从事陕西省野生动物保护、野生动物物种及制品鉴定积累的经验成果。全书提供大量实物照片，对陕西省常见的非法贸易野生动物及制品的形态识别要点进行了详细介绍，并从形态鉴定、显微鉴定、理化鉴定、分子鉴定等多个方面对野生动物及制品的准确鉴定方法进行了描述，对于野生动物保护科普教育以及帮助执法机关快速识别保护动物及制品大有裨益。

本书的出版旨在更好地开展野生动物资源保护宣传教育，增强广大民众对野生动物资源保护的意识，减少野生动物非法贸易；帮助执法人员提高对野生动物及制品的鉴别能力，提升政府管理部门的执法水平。可以作为保护区、野生动植物保护管理站以及高校和研究所等从事野生动物鉴定、濒危野生动物保护工作者的工具书。本书图片均为陕西省动物研究所鉴定照片或标本照片。本书所有图片为鉴定时拍摄或为陕西省动物研究所馆藏标本。有部分动物因数量稀少或标本馆没有完整标本，仅进行文字描述，没有图片展示。标本颜色或因放置时间较长而改变，鉴别时以【鉴别特征】文字表述为主要参考。

本书主要编写分工如下：哺乳纲由冯慧、宁硕瀛、曹芳君、王璐负责，鸟纲由裴俊峰、宁硕瀛负责，爬行纲和两栖纲以及鱼纲由裴俊峰、马骥负责，微观鉴定方法由冯慧、曹芳君、赵熠、王璐负责。限于编者的水平，本书难免存在不足之处，恳请专家和读者批评指正。

目 录

Contents

第一章　宏观鉴定方法

宏观鉴定方法

宏观鉴定方法（形态鉴定法）通过外观形态特征对野生动物及其动物制品（野生动物的任何部分及其衍生物）进行鉴定。在野生动物非法贸易中，除了野生动物活体或整个死亡个体外，最常见的是各种各样的野生动物制品，包括：动物带有部分皮毛和蹄子的残肢、动物（梅花鹿、狍、斑羚、小麂等）角制品、皮制品、牙制品等。这些都具有明显的野生动物属种特征，可以通过外观形态特征达到物种鉴定的目的。

第一节 哺乳纲

一、哺乳纲动物鉴定指标相关名词

毛：哺乳动物所特有的角质蛋白丝，由表皮的上皮滤泡状凹陷部分的基质细胞发育而成。描述特征为长度、细度、颜色、形状、种类等。可鉴定至科、属、种。

棘刺：即刺毛，是硬而粗的特化的毛。描述特征为长度、细度、颜色、形态。可鉴定至科、属、种。

鬃毛：分布于颈背或脊背上的长毛，硬、长而粗，具有很好的弹性。描述特征为颜色、长度等。可鉴定至科、属、种。

洞角：由骨心和角质鞘组成，角质鞘不脱落，生长过程中角会发生扭曲，且不分叉、不脱换，为牛科动物所特有。描述特征为数目、形态、类型等。可鉴定至科、属、种。

实角：着生在额骨上，初生时为茸角，骨心外皮下有丰富血管，角分叉，每年脱落，为鹿科动物所特有。描述特征为数目、形态、类型等。可鉴定至科、属、种。

蹄：为有蹄类动物特化的爪，爪体弯曲，围绕趾的末端，爪下体变宽，被包于爪体中央。描述特征为数目、形态等类型。可鉴定至目、科，部分可以到种。

体长：自吻端至肛门（尾基）的长度，小型兽以 mm 为单位，大型、中型兽以 cm 为单位。

耳长：自耳孔下缘（如耳壳呈管状，则自耳基起量）至耳壳顶端，不计端毛的长度。

吻：面部上颌前端部分，或称为吻部。描述特征为形态等。可鉴定至目、科、属、种。

腺体：能够产生特殊物质的组织，描述特征为有无腺体、种类、部位。可鉴定至科、属、种。

二、哺乳纲形态鉴别

1. 秦岭羚牛

【别名】

扭角羚、金毛扭角羚、白羊、大白羊

【英文名】

Golden taki

【拉丁名】

Budorcas bedfordi

【分类地位】

哺乳纲（Mammalia）偶蹄目（Artiodactyla）牛科（Bovidae）

【保护级别】

国家一级保护动物（简称国家一级）、CITES 附录Ⅱ

【分布】

周至县、太白县、宁陕县、洋县、佛坪县、柞水县、宁强县、凤县、略阳县、留坝县、勉县、城固县、镇安县、眉县、蓝田县、西安市长安区、西安市鄠邑区

【鉴别特征】

体形大而壮实，具有粗壮的四肢，宽阔的蹄，较大的悬蹄。有拱形的鼻和被毛的吻，脸侧面轮廓凸起。角形结构特殊，从结实的头部中部升起，迅速向外弯曲，然后向后并向上延伸，直到尖端，两尖相对。角基具横脊，角尖部光滑。被毛浓密而蓬松，通体为黄白色及淡黄色，并有金属光泽。

【贸易类别】

角、肌肉

【基因库序列】

GenBank：KY399869。BOLD：ABU6903。

⊛ 被捕兽夹夹住的秦岭羚牛，被解救后饲养在野生动物救助中心

⊕ 秦岭羚牛头骨

2. 四川羚牛

【别名】

扭角羚、盘羊

【英文名】

Sichuan takin

【拉丁名】

Budorcas tibetanus

【分类地位】

哺乳纲（Mammalia）偶蹄目（Artiodactyla）牛科（Bovidae）

【保护级别】

国家一级、CITES 附录Ⅱ

【分布】

宁强县

【鉴别特征】

　　与秦岭羚牛相比外形相似，而毛色差异巨大，主要区别为鼻唇黑色，肩隆起部位以后为黑灰色，四肢为黑色。

【贸易类别】

　　角、肉

【基因库序列】

　　GenBank：MH049869。BOLD：ABU6903。

3. 中华鬣羚

【别名】

　　四不像、鬣羊、明鬣羊

【英文名】

　　Chinese serow

【拉丁名】

　　Capricornis milneedwardsii

【分类地位】

　　哺乳纲（Mammalia）偶蹄目（Artiodactyla）牛科（Bovidae）

【保护级别】

　　国家二级保护野生动物（以下简称国家二级）、CITES 附录 I

【分布】

　　汉中市区、安康市区、旬阳市区、宁强县、西乡县、镇巴县、洋县、城固县、佛坪县、留坝县、勉县、略阳县、紫阳县、汉阴县、石泉县、岚皋县、平利县、镇坪县、白河县、宁陕县、柞水县、镇安县、凤县、陇县、太白县、周至县

【鉴别特征】

　　外形似羊，体重 60 ～ 90kg。雌雄均具短而光滑的黑角。自角基至颈背有长十几厘米的灰白色鬣毛。尾巴较短，四肢短粗。全身被毛稀疏而粗硬，通体略呈黑褐色，但上下唇及耳内呈污白色。

【贸易类别】

　　角、肉

【基因库序列】

GenBank：KF856568。BOLD：ADC8128。

4. 中华斑羚

【别名】

野山羊、青羊、麻羊、灰包羊

【英文名】

Chinese goral

【拉丁名】

Naemorhedus griseus

【分类地位】

哺乳纲（Mammalia）偶蹄目（Artiodactyla）牛科（Bovidae）

【保护级别】

国家二级、CITES 附录 I

【分布】

安康市区、汉中市区、旬阳市区、华阴市区、西安市长安区、宁强县、西乡县、镇巴县、佛坪县、洋县、城固县、留坝县、略阳县、宁陕县、石泉县、汉阴县、紫阳县、岚皋县、平利县、镇坪县、白河县、柞水县、镇安县、洛南县、勉县、凤县、太白县、周至县、眉县、潼关县、山阳县、陇县

【鉴别特征】

中华斑羚体形大小如山羊，但无胡须。体长 110～130cm，肩高 70cm 左右，体重 40～50kg。被毛较粗硬，一般为青灰褐色。颏和额暗灰褐色，两颊和耳背灰棕色，耳内白色，耳尖和耳缘黑棕色。背有较短的鬃毛。背脊中央自枕、颈直达尾基部有一个黑褐色纵带，或不明显。喉具白斑，其边缘淡黄褐色。尾黑棕色。前后肢淡褐灰色。胸腹面体色基本与上体相似，但略淡。

【贸易类别】

角、肉

【基因库序列】

GenBank：KT878720。BOLD：ADW7679。

⊕ 中华斑羚角

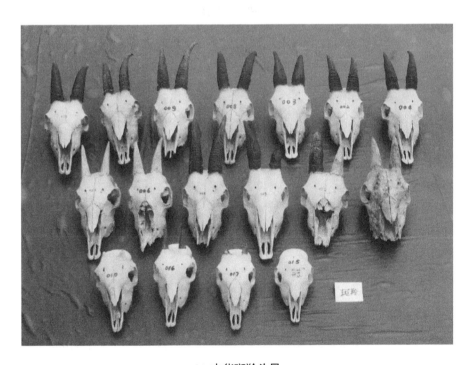

⊕ 中华斑羚头骨

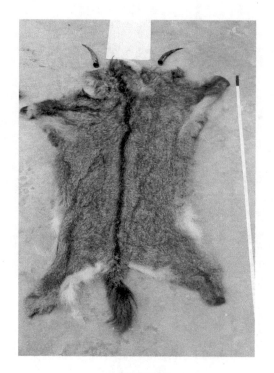

⊕ 中华斑羚皮

⊕ 中华斑羚，喉白斑明显

⊕ 中华斑羚标本（标本放置时间长，颜色变浅）

5. 蒙原羚

【别名】

　　黄羊、蒙古原羚、黄羚

【英文名】

　　Mongolian gazelle

【拉丁名】

　　Procapra gutturosa

【分类地位】

　　哺乳纲（Mammalia）偶蹄目（Artiodactyla）牛科（Bovidae）

【保护级别】

　　国家一级

【分布】

　　榆林市区、神木市、定边县、靖边县、榆林市、横山区

【鉴别特征】

　　夏毛较短，为黄棕色，腹面和四肢的内侧为白色，尾为棕色。冬毛密厚

而脆，颜色较浅。臀为白色。鼠蹊腺发达。雄性具短角（20cm），短角为棕色
或黑棕色，略呈"S"形，角尖内弯，角体中下部有环棱，近端部环棱较密。
其角易与其他羚羊角相混，建议送至专业机构检验。

【贸易类别】

角

【基因库序列】

GenBank：JN632689。BOLD：ACD2130。

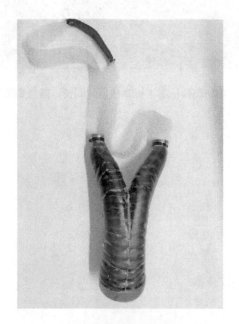

⊙ 蒙原羚角制成的弹弓

6. 林麝

【别名】

南麝、香獐、麝、獐子、獐鹿、山驴子

【英文名】

Forest musk deer

【拉丁名】

Moschus berezovskii

【分类地位】

哺乳纲（Mammalia）偶蹄目（Artiodactyla）麝科（Moschidae）

【保护级别】

国家一级、CITES 附录Ⅱ

【分布】

安康市区、旬阳市区、商洛市商州区、西安市长安区、西安市鄠邑区、汉中市南郑区、蓝田县、周至县、太白县、凤县、城固县、洋县、西乡县、勉县、宁强县、略阳县、镇巴县、留坝县、佛坪县、汉阴县、石泉县、宁陕县、紫阳县、岚皋县、平利县、镇坪县、白河县、洛南县、丹凤县、商南县、山阳县、镇安县、柞水县、黄龙县

【鉴别特征】

体长不足 1m。通体一般为橄榄棕色；眼上、眼下均有黄棕色块斑，两颊下向后有 1 条白色或淡黄色链形颈纹。颈下前端两侧向后的白色宽带纹在胸前会合为一条宽带纹直至腋区。耳长且大，上部稍圆，耳背多为黑色或黑褐色；蹄具 5 指（趾），主蹄第 3 和第 4 指（趾）发达能及地面，副蹄第 2 和第 5 指（趾）形小而位高悬空［第 1 指（趾）退化］。尾短。雄性腹部有麝香囊。雄性上犬齿发达，露出唇外，呈镰刀状；雌性上犬齿短小，一般不外露。上颌缺门齿；上颌每侧 7 枚齿，下颌每侧 10 枚齿；齿数 34 枚。

麝香外表呈紫褐色，油润光亮，微有麻纹，断面呈棕黄色，香气浓烈而特异，味微辣，微苦带咸。取麝香仁 0.1g，加 60% 乙醇 10mL，回流提取 15min，过滤，取滤液 3mL 放入小烧杯中，挂一条宽 2cm、长 30cm 的滤纸条，使其一端达于杯底，浸泡 1h，将滤纸干燥，于紫外灯下观察，上部显黄色荧光，中间呈蓝紫色荧光，喷氢氧化钠液变成黄色。

【贸易类别】

香囊、麝香

【基因库序列】

GenBank：MH047347。BOLD：ACD2341。

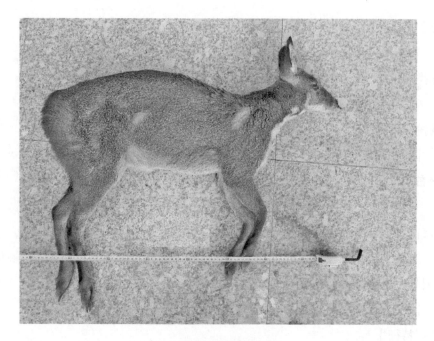

⊕ 林麝通体为橄榄棕色

⊕ 被盗去香囊的林麝

⊕ 风干的林麝香囊

⊕ 香囊内的麝香，油润光亮

7. 原麝

【别名】

香獐、獐子

【英文名】

Siberian musk deer

【拉丁名】

Moschus moschiferus

【分类地位】

哺乳纲（Mammalia）偶蹄目（Artiodactyla）麝科（Moschidae）

【保护级别】

国家一级、CITES 附录 II

【分布】

宜川县黄龙山区

【鉴别特征】

与林麝相比，成体上体有肉桂色斑点，颈下纹明显，耳背毛色为褐色。

【贸易类别】

香囊、麝香

【基因库序列】

GenBank：FJ469675。BOLD：AAG2809。

⊙ 原麝上体有肉桂色斑点

⊕ 原麝颈下纹明显

8. 小麂

【别名】

黄麂、麂子

【英文名】

Chinese muntjak

【拉丁名】

Muntiacus reevesi

【分类地位】

哺乳纲（Mammalia）偶蹄目（Artiodactyla）鹿科（Cervidae）

【保护级别】

陕西省省级保护野生动物（以下简称陕西省省级）、国家保护的有重要生态、科学、社会价值的陆生野生动物（以下简称国家"三有"）

【分布】

安康市区、旬阳市区、汉中市区、宁陕县、岚皋县、平利县、洋县、西乡县、石泉县、佛坪县、勉县、宁强县、白河县、镇安县、镇巴县、汉阴县、紫阳县、镇坪县、蓝田县

【鉴别特征】

体形小，雄性具角，角质软，未骨质化。脸较宽。额腺短，几乎平行。眶下腺发达，裂缝呈弯月形，尾较长。通体棕褐色。鼻垫后缘至角基部暗棕褐色，从额腺后外缘至角基各有 1 条黑色宽纹。吻侧、面颊、耳基部、耳背面黄褐色，耳内面具稀疏的白毛。体背面棕褐色，毛基淡褐色，其后为褐色，毛尖赭黄色。四肢上半部分毛色与体背相同，但近蹄为暗黑褐色。尾背面黄褐色，腹面白色。

【贸易类别】

肉

【基因库序列】

GenBank：MZ895085。BOLD：AAF6642。

⊕ 小鹿通体棕褐色

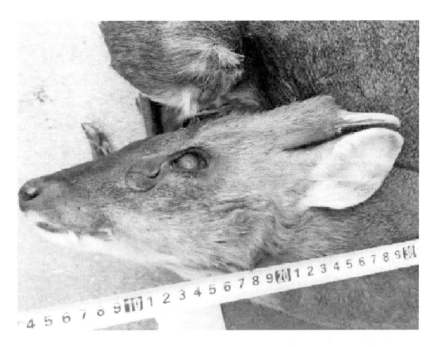

⊙ 眶下腺发达，角不分叉，但角基部紧靠角盘处有一个小的凸起。
角尖略向内弯曲，角基部粗，向角尖逐渐变细

9. 毛冠鹿

【别名】

黑麂、乌麂、青麂

【英文名】

Tufted deer

【拉丁名】

Elaphodus cephalophus

【分类地位】

哺乳纲（Mammalia）偶蹄目（Artiodactyla）鹿科（Cervidae）

【保护级别】

国家二级

【分布】

汉中市区、安康市区、旬阳市区、佛坪县、陇县、岚皋县、柞水县、洋县、宁陕县、石泉县、略阳县、留坝县、宁强县、西乡县、镇巴县、汉阴县、紫阳县、平利县、镇坪县、白河县

【鉴别特征】

额顶有一簇黑褐色长毛，雄性有角，但短小，不分叉，几乎隐于毛丛中，雌雄耳背面均有一块白斑，尾背面呈黑褐色到黑色，腹、鼠蹊及尾腹面白色。蹄具5指（趾），主蹄第3和第4指（趾）发达能及地面，副蹄第2和第5指（趾）形小而位高悬空［第1指（趾）退化］。

【贸易类别】

肉

【基因库序列】

GenBank：MN251783。BOLD：AAI9132。

⤊ 被盗猎的毛冠鹿

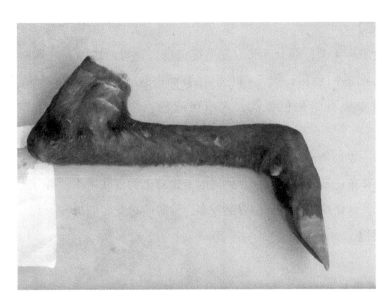

⊕ 四肢到蹄部毛色均为黑色

10. 梅花鹿

【别名】

花鹿

【英文名】

Sika deer

【拉丁名】

Cervus nippon

【分类地位】

哺乳纲（Mammalia）偶蹄目（Artiodactyla）鹿科（Cervidae）

【保护级别】

国家一级（仅限野外种群）

【分布】

陕西梅花鹿多为养殖种群

【鉴别特征】

雄鹿角有 4 叉，偶分 5 叉。夏毛棕黄色，背脊两边各有一列白圆斑，体侧布满鲜明的白色斑；腹毛白色，尾背面白色。冬毛厚密，有绒毛，为栗棕色；背中央有暗褐色纵纹，无白斑或斑点模糊；鼠蹊白色，尾背面深棕色。

鹿茸：表面密布短绒毛，呈褐色或棕黄色。鹿茸片是商品鹿茸的主要类型，为由茸角切制成的薄圆片，外周附有带茸毛的皮肤组织，可分为蜡片、粉片、血片、骨化片等。鹿茸仿冒品较多，检验应送交专业机构。

【贸易类别】

鹿茸

【基因库序列】

GenBank：HQ832482。BOLD：ACE6621。

⊛ 梅花鹿活体

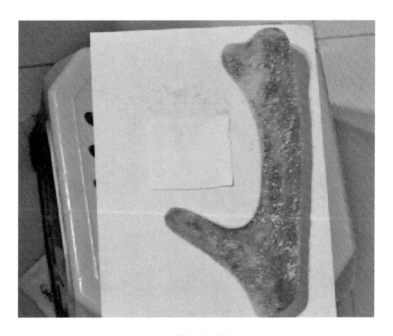

⊛ 梅花鹿鹿角

⤊ 梅花鹿鹿茸制成的蜡片

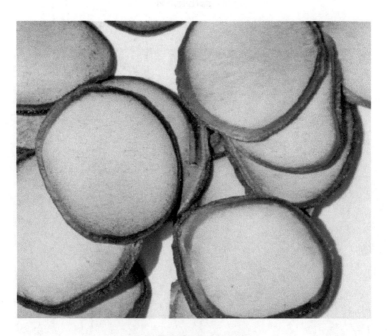

⤊ 梅花鹿鹿茸制成的粉片

⊕ 梅花鹿鹿茸制成的血片

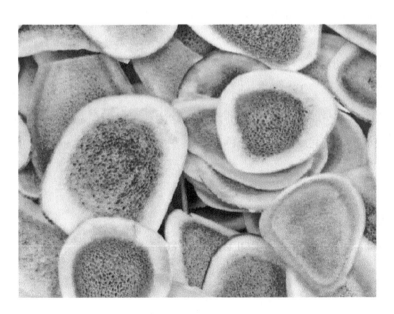

⊕ 梅花鹿茸制成的骨化片

11. 狍

【别名】

野羊、狍鹿

【英文名】

Siberian roe deer

【拉丁名】

Capreolus pygargus

【分类地位】

哺乳纲（Mammalia）偶蹄目（Artiodactyla）鹿科（Cervidae）

【保护级别】

陕西省省级、国家"三有"

【分布】

延安市、铜川市、黄龙县、太白县、甘泉县、富县、陇县、山阳县、商南县、汉阴县、镇安县、洛川县、宁强县、宁陕县、石泉县

【鉴别特征】

中型鹿科动物，雌性无角，雄性具角，鼻端裸露无毛，无獠牙，额隆起，眼大，眶下腺不显，耳短宽而圆。尾短，隐于体毛内。四肢细长，后肢长于前肢，蹄狭窄。全身呈黄褐色，背部中央色较深，腹色微白。吻咖啡色，鼻端黑色。耳内淡黄近白色，耳背灰棕色。

【贸易类别】

肉

【基因库序列】

GenBank：MN813763。BOLD：AAW8072。

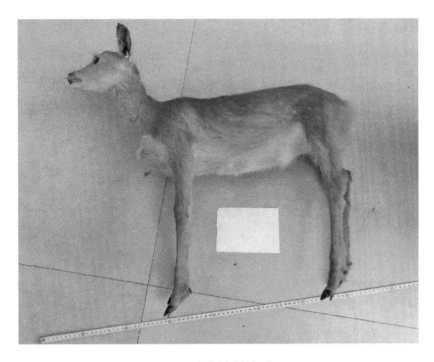

⊕ 野生狍制成的标本

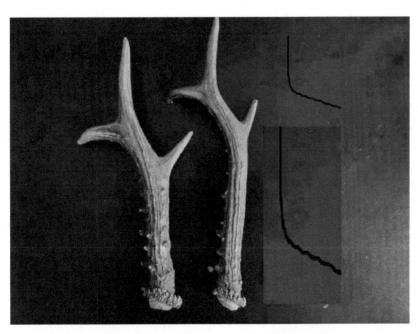

⊕ 狍角成熟后茸皮脱落，主干上布满凸起的结节

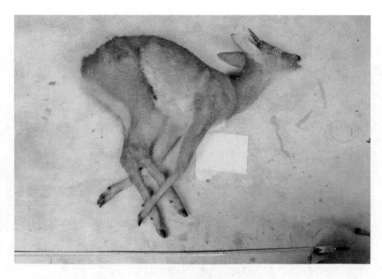

⊕ 全身呈黄褐色

12. 川金丝猴

【别名】

仰鼻猴、金线猴、蓝面猴、金绒猴

【英文名】

Golden snub-nosed monkey

【拉丁名】

Rhinopithecus roxellana

【分类地位】

哺乳纲（Mammalia）灵长目（Primates）猴科（Cercopithecidae）

【保护级别】

国家一级、CITES 附录 I

【分布】

宁陕县、周至县、太白县、留坝县、佛坪县、洋县

【鉴别特征】

唇肥厚突出，成体嘴角上方有很大凸起。鼻孔上仰，脸蓝色，无颊囊。四

肢粗壮，后肢较前肢长。头中央有黑色冠状毛。颊、颈侧棕红色。背有弯曲的长毛，呈金黄色，夹有灰褐色长毛，背毛可长达300mm。腹面淡黄色或乳白色。四肢外侧灰褐色，臀及大腿上部黄白色。手掌、脚掌深褐色，指（趾）尖灰褐色。尾深褐色，尖端白色。雌性色较淡。

【贸易类别】

活体

【基因库序列】

GenBank：JQ821835。BOLD：AAI0471。

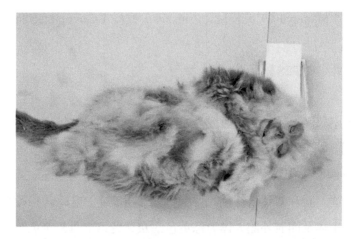

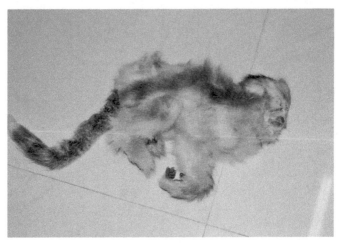

⬆ 被盗猎的川金丝猴

13. 猕猴

【别名】

恒河猴、沐猴、黄猴

【英文名】

Rhesus macaque

【拉丁名】

Macaca mulatta

【分类地位】

哺乳纲（Mammalia）灵长目（Primates）猴科（Cercopithecidae）

【保护级别】

国家二级、CITES 附录 II

【分布】

汉中市南郑区、镇巴县、西乡县、宁强县、平利县、镇坪县

【鉴别特征】

身体及四肢较细长，尾长约为 140mm，后足长约为 90mm，尾长大于后足长。具颊囊。脸和双耳肉红色。臀胝明显。指（趾）端具扁平的指（趾）甲。头棕黄色，上体及四肢外侧大体为棕黄色沾灰，背以下具橙黄色光泽，肩毛较长呈灰色。

【贸易类别】

活体

【基因库序列】

GenBank：KF830702。BOLD：AAC3773。

⊙ 猕猴的脸呈肉红色

⊙ 猕猴的双耳呈肉桂色

⊕ 被非法饲养的猕猴

14. 豹猫

【别名】

野猫、狸猫、抓鸡虎、麻狸、钱猫

【英文名】

Leopard cat

【拉丁名】

Prionailurus bengalensis

【分类地位】

哺乳纲（Mammalia）食肉目（Carnivora）猫科（Felidae）

【保护级别】

国家二级、CITES 附录Ⅱ

【分布】

汉中市区、安康市区、旬阳市区、石泉县、宁陕县、紫阳县、岚皋县、白

河县、汉阴县、平利县、镇坪县、勉县、城固县、西乡县、镇巴县、柞水县、镇安县

【鉴别特征】

体形与家猫相仿，但更纤细；体毛浅棕色或淡黄色，腹白色。体侧有数行斑点，臀上的斑点较大，四肢上的斑点较小。耳大而尖。耳后黑色，有白斑点；从眼角内侧到耳基部有两条明显的黑色条纹；内侧眼角到鼻部有一条白色条纹；鼻吻白色；尾长不足体长的一半，尾上有环纹，尾端为黑色。鼻骨没有外翻；乳突扁平。犬齿发达；上颌每侧 8 枚齿，下颌每侧 7 枚齿；齿数 30 枚。

【贸易类别】

活体、皮

【基因库序列】

GenBank：MW257210。BOLD：AAH7627。

⊕ 豹猫标本

⊕ 被非法盗猎的豹猫

15. 豹

【别名】

金钱豹、银钱豹

【英文名】

Leopard

【拉丁名】

Panthera pardus

【分类地位】

哺乳纲（Mammalia）食肉目（Carnivora）猫科（Felidae）

【保护级别】

国家一级、CITES 附录 I

【分布】

西安市长安区、安康市区、旬阳市区、柞水县、镇安县、丹凤县、山阳

县、宁陕县、石泉县、平利县、镇坪县、西乡县、镇巴县、汉阴县、紫阳县、岚皋县、白河县

【鉴别特征】

头圆、耳短、四肢强健有力，爪伸缩性强。豹全身颜色鲜亮，毛色为棕黄色，全身布满黑色斑点和环纹，形似古代铜钱，故俗称"金钱豹"。雌雄毛色一致。背颜色较深，腹乳白色。还有一种黑化型个体，通体暗黑色，细观仍见圆形斑。

【贸易类别】

皮

【基因库序列】

GenBank：MH588632。BOLD：AAB8333。

⊕ 被救助后的豹

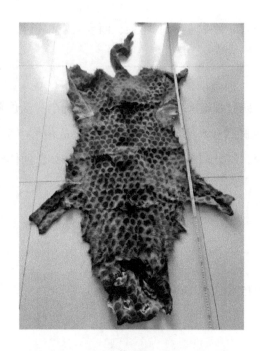

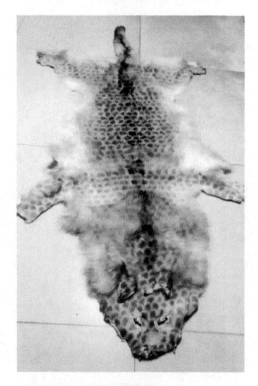

⊕ 狗皮伪造的豹皮，假豹皮上的斑点排列均匀

16. 金猫

【别名】

原猫、红春豹、芝麻豹、狸豹、黄虎

【英文名】

Asiatic golden cat，Golden cat

【拉丁名】

Pardofelies temminckii

【分类地位】

哺乳纲（Mammalia）食肉目（Carnivora）猫科（Felidae）

【保护级别】

国家一级、CITES 附录 I

【分布】

汉中市区、宁陕县、太白县

【鉴别特征】

耳朵能转动。通常有 3 种色型：亮红色、灰棕色和灰褐色。但也有不变的共同特点：面斑纹一致；颈背红棕色；背中线毛色深，或有纵纹；耳背面皆黑色；尾 2 色，末端白色。两眼内角各有一条宽白纹，长约 20mm。颊侧各有一条边上镶有棕黑色的白纹，自眼下方斜伸至耳下部。

【贸易类别】

皮

【基因库序列】

GenBank：KP271500。BOLD：AAF7563。

17. 荒漠猫

【别名】

漠猫、草猫、草猞猁、荒猫

【英文名】

Chinese mountain cat

【拉丁名】

Felis bieti

【分类地位】

哺乳纲（Mammalia）食肉目（Carnivora）猫科（Felidae）

【保护级别】

国家一级、CITES 附录 II

【分布】

榆林市区、定边县

【鉴别特征】

头圆，吻短，眼大而圆，颈粗而短。耳端生有一撮短毛。头和四肢的局部颜色因地区亚种不同变化较大。指名亚种头白色，耳基部淡红褐色。体背和四肢外侧浅黄灰色，背中央略具暗红棕色，腹面暗黄色，背腹间无明显分界。有时在臀外侧有 3 ～ 4 条细而不明显的暗横纹。尾同背色，其后端有 3 ～ 4 条暗棕色纹，尾尖部黑色。

【贸易类别】

皮

【基因库序列】

GenBank：KP202273。BOLD：AAC2892。

⊕ 荒漠猫标本

18. 虎

【别名】

老虎、大虫

【英文名】

Tiger

【拉丁名】

Panthera tigris

【分类地位】

哺乳纲（Mammalia）食肉目（Carnivora）猫科（Felidae）

【保护级别】

国家一级、CITES 附录 I

【分布】

宁陕县、镇坪县、平利县、洋县

【鉴别特征】

体形大，头圆，头、躯干及四肢具黑色或棕褐色条状斑纹，胸、腹及四肢内侧为白色，尾上约有 10 个黑环。耳背黑色，有一个白斑，犬齿发达而锋利；四足宽大，有厚实的掌垫，前足五指，后足四趾。

虎皮特征：毛色为橙黄色，布满条状横纹；背中线毛色较深。常见仿品是由狗皮或其他动物皮染色制成。

虎爪特征：虎爪弯钩状，为金黄色或浅黄色。常见仿品是以熊、猛禽或者牛角等加工而成。

虎鞭特征：干燥阴茎及睾丸，呈长圆柱形，长 8 ～ 25cm，直径 1.5 ～ 2.5cm，灰褐色，不透亮。龟头有砂粒状细小倒刺，触之有粗糙感。阴囊内有 1 对睾丸。常见仿品是由牛鞭制成。

【贸易类别】

虎皮、虎骨、虎肉、虎筋、虎鞭、虎爪、虎牙

【基因库序列】

GenBank：NC_010642。BOLD：AAC3048。

⊕ 被救助后的虎

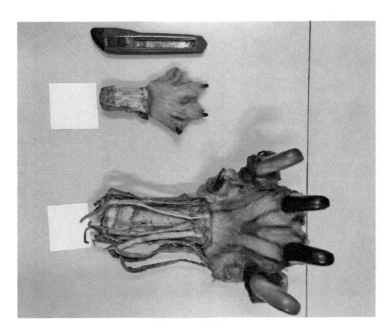

⊕ 水牛角伪造的虎爪

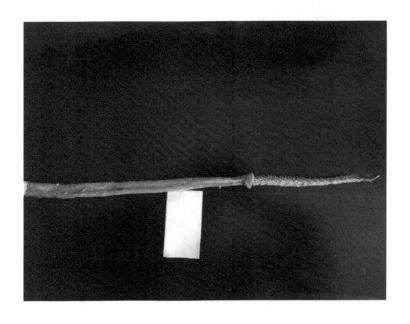

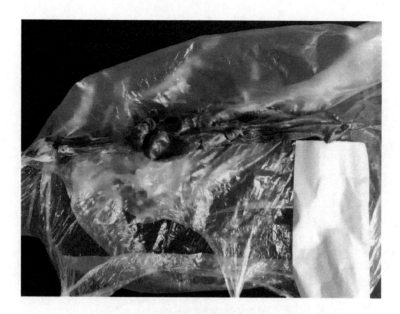

⊙ 牛鞭伪造的虎鞭

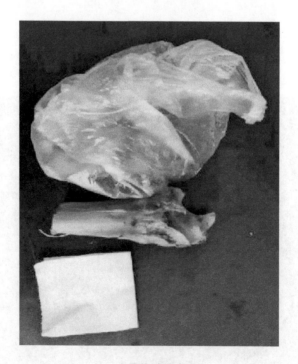

⊙ 牛骨伪造的虎骨

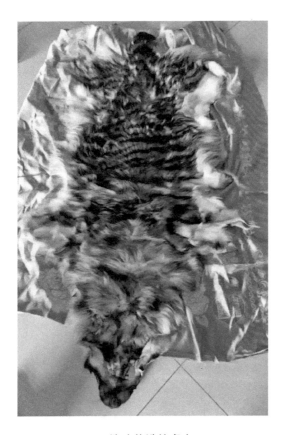

⊕ 狗皮伪造的虎皮

19.薮猫

【别名】

非洲薮猫

【英文名】

Serval

【拉丁名】

Leptailurus serval

【分类地位】

哺乳纲（Mammalia）食肉目（Carnivora）猫科（Felidae）

【保护级别】

CITES 附录 II

【分布】

陕西省内无分布

【鉴别特征】

体形中等，身体细长，腿长。尾短，不及体长的 1/3。头小巧，耳廓宽阔，呈抛物线型。体背呈淡黄褐色，腹为浅灰色。全身布满黑色斑点，在颈、背、肩和四肢形成长条形的斑纹。尾有 5 条黑色斑纹，呈环状分布，尾端黑色。耳背黑色，中间有白纹间隔。

【贸易类别】

活体

【基因库序列】

GenBank：NC_028316。BOLD：AAE7693。

⊙ 薮猫全身布满黑色斑点

⊕ 被非法饲养的薮猫

20. 大灵猫

【别名】

九江狸、九节狸、南灵猫、九间狸、麝香猫、青棕、五间狸、七支狸

【英文名】

Large indian civet

【拉丁名】

Viverra zibetha

【分类地位】

哺乳纲（Mammalia）食肉目（Carnivora）灵猫科（Viverridae）

【保护级别】

国家一级、CITES 附录Ⅲ

【分布】

安康市区、汉中市区、旬阳市区、紫阳县、平利县、白河县、镇坪县、西乡县、镇巴县、宁强县、岚皋县、石泉县、汉阴县

【鉴别特征】

体长 670 ～ 830mm，其体形细长，四肢较短。头略尖，耳小，额较宽阔，沿背脊有一条黑色鬃毛。雌雄的会阴具发达的囊状腺体，雄性为梨形，雌性呈方形，其分泌物就是著名的灵猫香。通体棕灰色，杂以黑褐色斑纹。有3条波状黑色颈纹，间夹白色宽纹，四足黑褐色。尾具 5 ～ 6 条黑白相间的环纹。

【贸易类别】

香腺囊、肉

【基因库序列】

GenBank：NC_053976。

21. 小灵猫

【别名】

笔猫、七节狸、斑灵猫、乌脚狸、麝香猫、香猫、香狸

【英文名】

Small indian civet

【拉丁名】

Viverricula indica

【分类地位】

哺乳纲（Mammalia）食肉目（Carnivora）灵猫科（Viverridae）

【保护级别】

国家一级、CITES 附录Ⅲ

【分布】

汉中市区、安康市区、旬阳市区、镇巴县、石泉县、镇安县、平利县、紫阳县、白河县

【鉴别特征】

体形较大灵猫小。通体一般为棕灰色、棕黄色或乳黄色，从耳后至肩有 2 条黑褐色颈纹，间夹杂 2 条短纹；从肩至臀有 3 ～ 5 条暗色背纹，中央 3 条清晰，外侧 2 条时断时续。颅狭长，侧扁；眶上突尖长，较发达。牙齿较尖细；上颌每侧 10 枚齿，下颌每侧 10 枚齿；齿数 40 枚。吻尖突；脸狭窄，两颊灰棕色；耳短圆，耳囊背瓣上下缘均与耳壳边缘相延续；四肢粗壮，后肢略长于前肢；足具 5 指（趾），足背乌褐色或黑褐色；无爪鞘；尾细长，有 6 ～ 7 条暗褐色环纹；肛门与会阴之间具囊状香腺；肛门两侧臭腺比大灵猫发达。

【贸易类别】

香腺囊、肉

【基因库序列】

GenBank：NC_025296。BOLD：ADC8712。

22. 花面狸

【别名】

果子狸、木龙、青猺、白鼻猫、花猸子、牛尾狸

【英文名】

Masked palm civet

【拉丁名】

Paguma larvata

【分类地位】

哺乳纲（Mammalia）食肉目（Carnivora）灵猫科（Viverridae）

【保护级别】

国家"三有"、CITES 附录Ⅲ

【分布】

宝鸡市区、安康市区、旬阳市区、华阴市区、西安市鄠邑区、西安市长安区、西安市临潼区、商洛市商州区、凤县、太白县、留坝县、略阳县、勉县、

洋县、佛坪县、眉县、周至县、蓝田县、华县、洛南县、柞水县、山阳县、镇安县、丹凤县、宁陕县、石泉县、汉阴县、白河县

【鉴别特征】

　　体毛短而粗，体色为黄灰褐色，头上的毛色较黑，由额头至鼻梁有一条明显的白色面纹，眼下及耳下具有白斑，背毛为灰棕色。后头、肩、四肢末端及尾巴后半部为黑色，四肢短壮，各具5指（趾）。指（趾）端有爪，爪稍有伸缩性；尾长约为体长的2/3。

【贸易类别】

　　皮、肉

【基因库序列】

　　GenBank：NC_029403。BOLD：ADD0486。

⊕ 花面狸标本

⊕ 被非法猎捕的花面狸

23. 狼

【别名】

灰狼、青狼

【英文名】

Gray wolf

【拉丁名】

Canis lupus

【分类地位】

哺乳纲（Mammalia）食肉目（Carnivora）犬科（Canidae）

【保护级别】

国家二级、CITES 附录 Ⅱ

【分布】

延安市区、子长市区、榆林市区、西安市长安区、佛坪县、陇县、商南县、富县、甘泉县、石泉县、洛川县、绥德县、靖边县、定边县、宁陕县、汉阴县、平利县、山阳县、柞水县、留坝县

【鉴别特征】

外形似狼犬，但吻尖口宽。通常两耳直立，尾不上卷，尾毛蓬松。头、背以及四肢外侧毛为黄褐色和棕灰色，杂有灰黑色毛，但四肢内侧以及腹部毛色较淡，毛色常因栖息环境不同和季节变化而有差异。前足五指，后足四趾，爪不能收缩。与捷克狼犬差异在于狼耳较小，嘴较尖，眼睛狭长（捷克狼犬眼睛较圆）。

狼牙特征：表面光滑，齿冠过渡无明显二次凸起。牙齿先端内侧前缘有一个略微凸起的纵棱。

【贸易类别】

皮、牙、爪饰品等

【基因库序列】

GenBank：KU696410。BOLD：AAA1542。

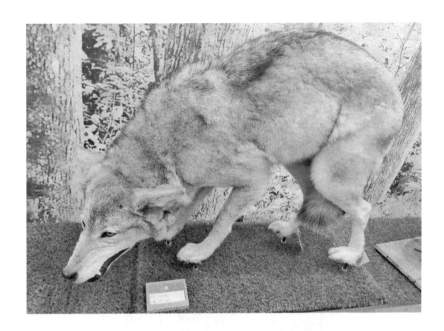

⊕ 狼标本

⊕ 狼牙做的装饰品，牙齿先端内侧前缘有一个略微凸起的纵棱

24. 豺

【别名】

豺狗、亚洲野狗、红豺狗、赤狗、马狼

【英文名】

Dhole

【拉丁名】

Cuon alpinus

【分类地位】

哺乳纲（Mammalia）食肉目（Carnivora）犬科（Canidae）

【保护级别】

国家一级、CITES 附录 II

【分布】

延安市区、山阳县、柞水县、佛坪县、镇坪县、平利县、岚皋县、宁陕县、陇县

【鉴别特征】

体形比狼略小。吻较狼短而头较宽，耳短而圆、竖立不曲，身躯较狼短。四肢较短，尾比狼略长，但尾长不超过体长的一半，其毛长而密，略似狐尾。背毛红棕色，毛尖黑色，腹毛较浅淡。

【贸易类别】

皮

【基因库序列】

GenBank：GU063864；BOLD：ADC5750。

25. 赤狐

【别名】

火狐、草狐、狐狸

【英文名】

Red fox

【拉丁名】

Vulpes vulpes

【分类地位】

哺乳纲（Mammalia）食肉目（Carnivora）犬科（Canidae）

【保护级别】

国家二级

【分布】

西安市长安区、商南县、山阳县、柞水县、洛南县、佛坪县

【鉴别特征】

赤狐是体形最大、最常见的狐狸，体长约 80cm，体重 4000～6500g；体形细长，吻尖长，耳大、耳尖直立，尾长略超过体长的一半；足掌生有浓密短毛；具尾腺，能释放奇特臭味，称"狐臊"；乳头 4 对；毛色因季节和地区不同而有较大变异，一般背面棕黄色或棕红色，腹白色或黄白色，尾尖白色，耳背面黑色或黑褐色，四肢外侧黑色条纹延伸至足面。

【贸易类别】

皮

【基因库序列】

GenBank：JN711443。BOLD：ADC5726。

⊕ 赤狐标本

26. 黄喉貂

【别名】

蜜狗、黄猺、黄腰狸、青鼬

【英文名】

Yellow-throated marten

【拉丁名】

Martes flavigula

【分类地位】

哺乳纲（Mammalia）食肉目（Carnivora）鼬科（Mustelidae）

【保护级别】

国家二级、CITES 附录Ⅲ

【分布】

安康市区、旬阳市区、榆林市区、延安市区、汉中市区、华阴市区、西安市长安区、宁陕县、石泉县、泾阳县、汉阴县、平利县、镇坪县、白河县、佛坪县、洋县、城固县、勉县、略阳县、留坝县、宁强县、西乡县、镇巴县、商南县、定边县、靖边县、绥德县、黄龙县、吴起县、洛川县、太白县、周至县、紫阳县、镇安县、柞水县、陇县

【鉴别特征】

体形细长，略呈圆筒状。头较小，吻鼻尖长，耳短而圆。四肢短粗，前后肢各具5指（趾），爪弯曲而锐利。尾较长，呈圆柱状。头黑色，起于吻鼻，经眼下、前额、耳下，止于颈。颈背颜色由亮黑色逐渐转为黑褐色。臀深褐色，由中央转为黑褐色，延伸至尾；尾毛近黑色。下颌黄白色，向后延伸至耳下，与紧挨着的橙黄色喉斑明显分界。腹浅棕黄色。前肢上部为浅棕黄色，下部转为黑褐色；后肢上部为黑褐色，下部几近黑色。

【贸易类别】

皮

【基因库序列】

GenBank：MW625810。BOLD：AAJ1644。

⊕ 黄喉貂标本

⊕ 在野外被捕兽夹夹住的黄喉貂

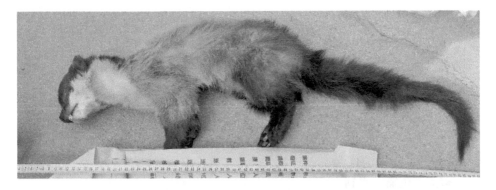

⊕ 被盗猎的黄喉貂，身体前半部分为棕黄色，后半部分为黑褐色

27. 石貂

【别名】

岩貂、扫雪、榉貂

【英文名】

Stone marten

【拉丁名】

Martes foina

【分类地位】

哺乳纲（Mammalia）食肉目（Carnivora）鼬科（Mustelidae）

【保护级别】

国家二级

【分布】

神木市区、榆林市横山区、定边县、靖边县、吴起县、府谷县

【鉴别特征】

体形中等。毛色单一，灰褐色或淡棕褐色；喉斑大，可延及前胸，通常为白色或略带棕色斑点。四肢短粗，皆具 5 指（趾），各趾有趾垫，掌垫 3 枚。

【贸易类别】

皮

【基因库序列】

GenBank：HM106325。BOLD：ADC7113。

28. 水獭

【别名】

獭猫、鱼猫、水狗

【英文名】

Eurasian otter

【拉丁名】

Lutra lutra

【分类地位】

哺乳纲（Mammalia）食肉目（Carnivora）鼬科（Mustelidae）

【保护级别】

国家二级、CITES 附录 I

【分布】

安康市区、延安市区、汉中市南郑区、商洛市商州区、太白县、佛坪县、洋县、陇县、留坝县、柞水县、商南县、甘泉县、宁陕县、富县、石泉县、汉阴县、平利县

【鉴别特征】

头宽且扁，吻不突出，眼耳都小，躯体呈筒状、细长，尾中等长，基部粗、尖端细。四肢短，趾间有蹼，各趾爪显露、偏扁。嘴角胡须长、粗硬，前肢腕垫后也有数根短刚毛。体毛短而密，多为咖啡褐色，有油亮光泽。

【贸易类别】

水獭肝

【基因库序列】

GenBank：KP992963。BOLD：AAF0193。

29. 黄鼬

【别名】

黄鼠狼、地猴、鼠狼子、黄狼

【英文名】

Siberian weasel

【拉丁名】

Mustela sibirica

【分类地位】

哺乳纲（Mammalia）食肉目（Carnivora）鼬科（Mustelidae）

【保护级别】

国家"三有"

【分布】

西安市区、咸阳市区、汉中市区、安康市区、延安市区、旬阳市区、子长市、宝鸡市凤翔区、商洛市商州区、太白县、柞水县、商南县、佛坪县、陇县、黄龙县、宁陕县、镇巴县、洛川县、富县、石泉县、汉阴县、平利县、镇坪县、紫阳县、岚皋县、白河县、洋县、城固县、勉县、留坝县、略阳县、宁强县、西乡县、镇安县、周至县

【鉴别特征】

体形细长，四肢短。颈长、头小。尾长约为体长的一半。鼻垫基部以上、下唇为白色。喉及颈下常有白斑。肛门腺发达。四肢的 5 指（趾）间有很小的皮膜。背毛为棕褐色或棕黄色，夏季较深，冬季较浅，身体腹面颜色略淡。

【贸易类别】

皮毛、肉

【基因库序列】

GenBank：KP992953。BOLD：ADC8583。

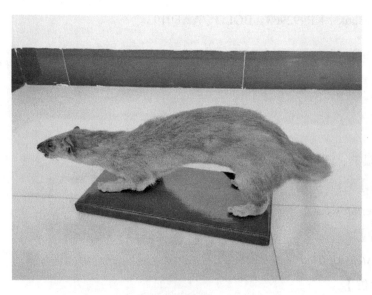

⊕ 黄鼬标本

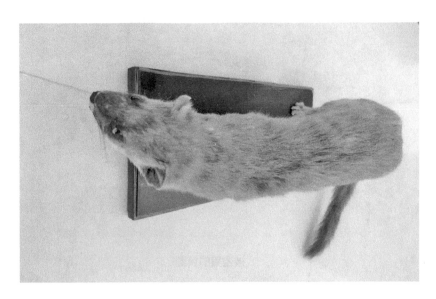

⊙ 黄鼬背毛为棕褐色或棕黄色

⊙ 在野外被捕兽夹夹住的黄鼬

⊙ 被盗猎的黄鼬

30. 猪獾

【别名】

沙獾、獾猪、川猪

【英文名】

Hog badger

【拉丁名】

Arctonyx collaris

【分类地位】

哺乳纲（Mammalia）食肉目（Carnivora）鼬科（Mustelidae）

【保护级别】

陕西省省级保护动物（以下简称陕西省省级）、国家"三有"

【分布】

汉中市区、旬阳市区、宁陕县、凤县、柞水县、佛坪县、紫阳县、太白

县、山阳县、平利县、丹凤县、陇县、宁陕县、石泉县、汉阴县、岚皋县、镇
巴县、镇坪县、白河县

【鉴别特征】

体形较小、眼小、耳短圆。鼻垫与上唇间裸露无毛，鼻吻狭长而圆，与猪
鼻酷似。体毛为黑褐色，间杂灰白色针毛。从前额到额顶中央，有一条短宽的
白色条纹，向后延伸至颈背。两颊在眼下各具一条污白色条纹。下颌及喉白
色，向后延伸达肩部。四肢短粗，脚底指（趾）间具毛，爪长而弯。

【贸易类别】

活体、脂肪、肉

【基因库序列】

GenBank：NC_020645。BOLD：ADC8312。

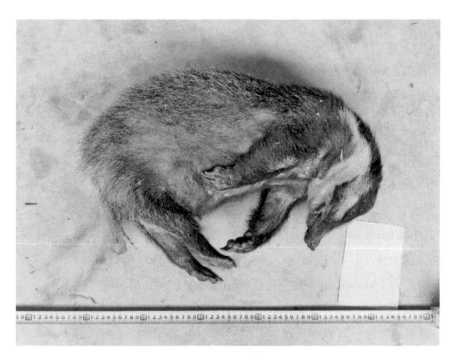

⬆ 猪獾喉白色

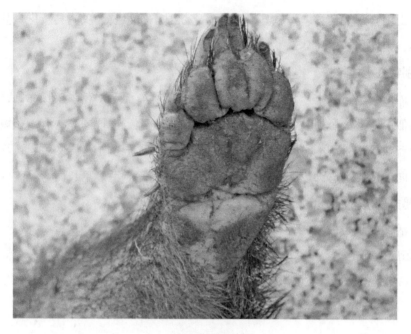

⊛ 爪长而弯

31. 亚洲狗獾

【别名】

　　土猪、地猪、天狗、狟子、芝麻獾

【英文名】

　　Asian Badger

【拉丁名】

　　Meles leucurus

【分类地位】

　　哺乳纲（Mammalia）食肉目（Carnivora）鼬科（Mustelidae）

【保护级别】

　　陕西省省级、国家"三有"

【分布】

　　榆林市区、延安市区、子长市区、黄龙县、甘泉县、镇安县、延长县、宜

川县、陇县、宁陕县、洛川县、富县、绥德县、定边县

【鉴别特征】

　　体形中等。鼻吻长，鼻端粗钝，具软骨质鼻垫，鼻垫与上唇之间被毛而不裸露。耳短圆，眼小。颈短，前后足指（趾）均具粗短的黄褐色爪，后足爪尤为短钝，尾短。背及体侧毛色为沙黄色。四肢及胸腹为灰黑色至黑色。喉黑色。具窄长的黑色贯眼纵纹。

　　亚洲狗獾和猪獾的区别：猪獾喉为白色，而亚洲狗獾喉为黑色。猪獾爪长且弯曲，而亚洲狗獾爪较猪獾短平。猪獾鼻像猪鼻，而亚洲狗獾脸窄像狗。猪獾尾长，而亚洲狗獾尾短。

【贸易类别】

　　活体、脂肪、肉

【基因库序列】

　　GenBank：NC_011125。BOLD：ACF2362。

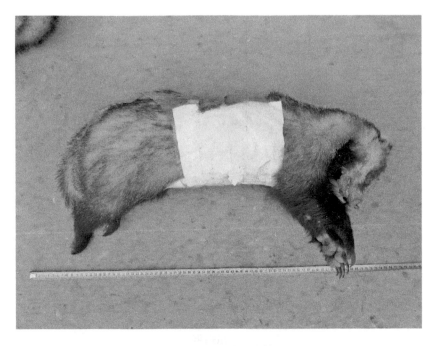

　◉ 亚洲狗獾体形中等

◉ 亚洲狗獾喉黑色

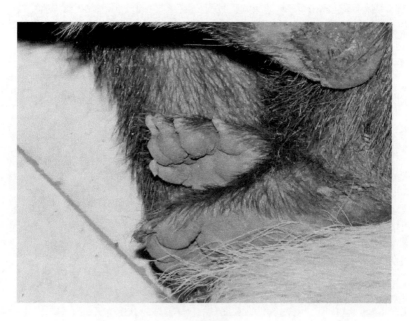

◉ 爪短平

32.鼬獾

【别名】

鱼鳅猫、白鼻狸、白额狸、山獾、猪仔狸

【英文名】

Chinese ferret-badger

【拉丁名】

Melogale moschata

【分类地位】

哺乳纲（Mammalia）食肉目（Carnivora）鼬科（Mustelidae）

【保护级别】

陕西省省级、国家"三有"

【分布】

镇坪县、平利县、洋县

【鉴别特征】

鼻吻突出如小猪鼻，颈粗短，耳短圆而直立。指（趾）爪侧弯曲，前爪第2、3爪特别粗长。全身和四肢基本毛色为栗灰色。头顶向后经背脊到后腰有一条断断续续的白色纵纹。前额、眼后、耳前、颊和颈侧均有不规则的白斑。喉、胸、腹的毛色为污白色或浅黄色。

【贸易类别】

活体、皮

【基因库序列】

GenBank：NC_020644。BOLD：ADC7520。

⬆ 鼬獾标本，前额、颊和颈侧白斑明显

33. 黑熊

【别名】

狗熊、黑瞎子、黑子

【英文名】

Asiatic black bear

【拉丁名】

Ursus thibetanus

【分类地位】

哺乳纲（Mammalia）食肉目（Carnivora）熊科（Ursidae）

【保护级别】

国家二级、CITES 附录 I

【分布】

安康市区、旬阳市区、西安市长安区、汉中市南郑区、佛坪县、西乡县、镇安县、柞水县、宁陕县、陇县、太白县、周至县、宁强县、洋县、石泉县、汉阴县、紫阳县、岚皋县、平利县、镇坪县、白河县、城固县、略阳县

【鉴别特征】

毛为漆黑色，头宽而圆，吻短，鼻裸露，下颌白色，胸具明显的倒"八"字形白斑，前后足均具 5 指（趾），爪弯曲呈黑色，尾短。前足：腕垫宽大与掌垫相连，掌垫与趾垫间有毛。后足：跖垫宽大肥厚，无横纹，跖垫与趾垫间有毛相隔。

熊牙：常见非法贸易熊牙为熊犬齿。牙根粗大，牙尖与牙根比十分短，而且环纹密集。

【贸易类别】

熊掌、熊胆、肉、牙齿工艺品

【基因库序列】

GenBank：KT964290。BOLD：ADC7412。

⬆ 熊牙。牙根粗大，较扁，牙冠相对较小，牙尖环纹密集

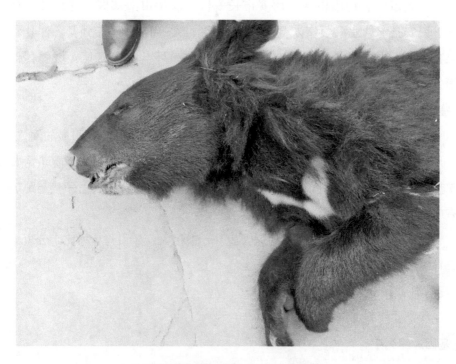

⬆ 黑熊胸有明显的倒"八"字形白斑

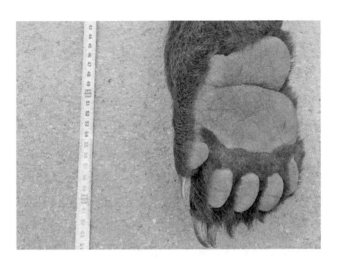

⊙ 前足腕垫宽大与掌垫相连

34. 穿山甲

【别名】

鲮鲤、陵鲤、龙鲤、石鲮鱼

【英文名】

Pangolin

【拉丁名】

Manis spp.

【分类地位】

哺乳纲（Mammalia）鳞甲目（Pholidota）鲮鲤科（Maindae）

【保护级别】

国家一级、CITES 附录 I

【分布】

陕西省无分布

【鉴别特征】

头尖小，眼小、耳短、无齿。除腹部外，全身长满呈覆瓦状排列的角质鳞片，镶嵌成行。四肢短粗，足具 5 指（趾），并有强爪；前足爪长，尤以中间第 3 爪特长，后足爪较短小。鳞片呈黑褐色。鳞有三种形状。纵纹条数不一，随鳞片大小而定。腹侧、前肢近腹内侧和后肢鳞片呈盾状，中央有龙骨状凸起，鳞基也有纵纹。尾侧鳞呈折合状。

非炮制的穿山甲片特征：大小不一，长宽各约 0.5 ～ 5cm，中间较厚，边缘较薄，呈扇面形、三角形、菱形或盾形的扁平片状。穿山甲片背面黑褐色或黄褐色，穿山甲片腹面色较浅，中部有一条明显凸起的弓形横向棱线，其下方有数条与棱线相平行的细纹。甲片不完整，常具划痕和摩擦后的土迹。色泽柔和、自然、微透明。基部和弓形横向棱线有残留的皮脂飞边或毛等。质地坚韧，有较强的弹性，不易折断。水煮 5min 不会变软、变白，基本没有什么变化。火烧时有较浓的特异腥气，未烧尽的边缘呈乳白色、酥脆。

炮制过的穿山甲片特征：甲片膨胀卷曲，淡黄色，表面有一层淡淡的白色析出物，有粗糙感，质地疏松，易碎，断面片层状。气微腥，味淡。取炮制过的穿山甲片粉末，利用红外光谱和 X 射线检测，能产生特征性强的指纹图谱。用质谱检测法检测炮制过的穿山甲粉末，能产生特有的 L- 丝 -L- 酪环二肽峰。

【贸易类别】

鲮鲤甲

【基因库序列】

GenBank：NC_016008。BOLD：ACM5186。

⬆ 穿山甲爪，常用来做饰品

⊕ 未经处理过的穿山甲片

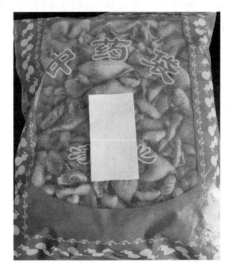

⊕ 炮制过的穿山甲片

35. 豪猪

【别名】

箭猪、刺猪

【英文名】

Chinese porcupine

【拉丁名】

Hystrix hodgsoni

【分类地位】

哺乳纲（Mammalia）啮齿目（Rodentia）豪猪科（Hystricidae）

【保护级别】

国家"三有"

【分布】

汉中市区、旬阳市区、西安市鄠邑区、佛坪县、周至县、留坝县、镇巴县、陇县、丹凤县、汉阴县、宁陕县、镇安县、平利县、镇坪县、白河县、石泉县

【鉴别特征】

头形似兔子，耳小，体粗壮。全身长满硬的棘刺，臀的棘刺更为密集而粗大，棘刺呈纺锤形而中空。四肢和腹的棘刺短而软。尾短，隐于硬刺中。全身棘刺下有稀疏的软毛。全身呈黑色或棕黑色，头和颈有细长、直生而向后弯曲的鬃毛。体背密覆粗大的棕色长刺，末端白色。体后半部的棘刺，除中部 1/3 为淡褐色外，其余为白色。全身硬刺之下，覆以基部淡褐色、微卷曲的白色长毛。

【贸易类别】

活体、肉

【基因库序列】

GenBank：NC_050263。BOLD：ACC8667。

→ 被盗猎的豪猪，全身长满硬的棘刺

36. 红白鼯鼠

【别名】

飞狐、松猫儿、白面鼯鼠、白头鼯鼠、白额鼯鼠

【英文名】

Red and white giant flying squirrel

【拉丁名】

Petaurista alborufus

【分类地位】

哺乳纲（Mammalia）啮齿目（Rodentia）鼯鼠科（Petauristidae）

【保护级别】

陕西省省级、国家"三有"

【分布】

汉中市区、旬阳市区、西安市鄠邑区、佛坪县、周至县、留坝县、镇巴县、陇县、丹凤县、汉阴县、宁陕县、镇安县、平利县、镇坪县、白河县、石泉县

【鉴别特征】

一种大型赤褐色鼯鼠，体长一般在 50cm 以上。尾呈圆柱状，其长几乎等于或超过体长，尾毛长而蓬松。后肢发达，后足内侧具密毛，外侧无毛。吻鼻前面、耳前外侧、颊、颈侧、肩胛均为白色，头前的毛基部为淡灰色，上段为淡褐色，尖端为纯白色。眼圈、耳后侧、颈背为赤褐色。背面除胸腹交界处直至尾基部为一块大淡黄色斑块（与周围的赤褐色界限分明）外，其余部位均为栗褐色。腹面为浅黄棕色，中央有一条不太显著的白色纵带。尾为赤褐色，基部有一个白色半环。

【贸易类别】

活体、肉

【基因库序列】

GenBank：NC_023922。BOLD：ADC8511。

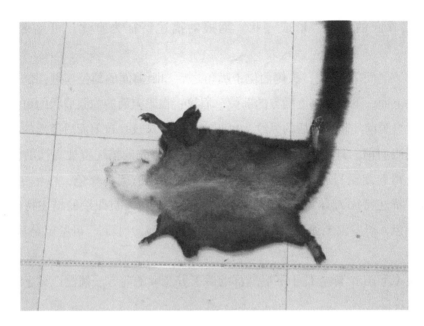

⊙ 红白鼯鼠标本

第二节 鸟纲

一、鸟纲鉴定指标相关名词

嘴：又称喙，其上面部分为上嘴，基部与额相连；下面部分为下嘴，基部与颏相连。嘴的前端为嘴端或先端；嘴端的甲状附属物称嘴甲；上嘴基部的膜状覆盖物为蜡膜；有的嘴角上方着生有刚毛状的须状羽，叫嘴须。嘴的描述特征为形态、度量，可鉴定至目、科、属、种。嘴甲、蜡膜的描述特征为有无，可鉴定至目、科、属。嘴须的描述特征为数量、度量，可鉴定至属。

头（上面）：额，头上面最前部与上嘴基部相连接部分。头顶，前头稍后，为头的正中部分。枕部，头顶之后，上颈之前，为头的最后部分。顶纹，头部正中处，从前到后的纵行斑纹，也叫中央冠纹。羽冠，头顶上面延长或耸起的羽毛，形成冠状。羽冠的描述特征为有无，可鉴定至科、属、种。

头（侧面）：眼先，头侧面位于嘴角之后和眼前面的部位。颊：位于眼下面，喉上面、下嘴基部上后方的部位。眉纹：在眼上面的像眼眉状的斑纹。贯眼纹：自眼前经眼到眼后的纵纹，也叫穿眼纹。颊纹：自前而后经颊的纹。面盘：两眼向前，其周围的羽毛排列呈人面状。眼先的描述特征为被羽程度及色泽，可鉴定至目、科、种。眉纹的描述特征为有无、颜色，可鉴定至种。颊纹的描述特征为有无、形态、颜色，可鉴定至种。贯眼纹的描述特征为有无、颜色，可鉴定至亚种。面盘的描述特征为有无、形态，可鉴定至目、科、属、种。

头（下面）：颏，位于下嘴基部的后下方及喉的前方。颏纹，贯于颏部中央的纵纹。

颈：位于头部和躯体之间的部位。后颈，在鸟背面。上颈，后颈前面部分，紧接后头。下颈，后颈后部，与背相接的部位。颈侧，颈的两侧。喉：在下面紧接颏之后，又分为上喉和下喉，上喉紧接颏之后，下喉下面为前颈。颈冠：着生于上颈形成冠状的长羽，也称项冠。翎领：着生于颈部形成皱领状的长羽。披肩：着生于后颈形成披肩状的长羽。翎领的描述特征为有无、形态，可鉴定至属。披肩的描述特征为有无，可鉴定至属、种。

躯干：位于颈和尾之间的部位。背，在上面位于下颈之后，腰部之前。紧接下颈的部分叫上背，紧接腰部的部分叫下背。肩，背的两侧至两翅基部，此处羽毛称为肩羽。翕，包括上背、肩和两翅的内侧覆羽等。胸，在下面紧接前颈之后，腹部之前。腹，胸部后面至肛孔。胁，腰的两侧和邻近下面部分。

上体：头、颈和躯干的上面部分统称上体。

下体：头、颈和躯干的下面部分为下体。

翅（翼）：飞羽，构成翅的主要部分，羽枝粗大，分为初级、次级及三级飞羽。初级飞羽：最长的飞羽，均附着于掌指和指骨，在翅的外侧者称外侧初级飞羽，内侧者称内侧初级飞羽。次级飞羽：位于初级飞羽之次，且较短，均附着于尺骨。三级飞羽为飞羽中最后的一列。覆羽：掩覆于飞羽的基部，翅的表里两面均有，在表面的称为翅上覆羽，在里面的称为翅下覆羽。翼缘：翅的边缘。翼镜：翼上特别明显的块状斑，翼镜的描述特征为有无、颜色、光泽，可鉴定至种。翼型：翼的先端形状，翼型的描述特征为圆翼、方翼、尖翼，可鉴定至目、科、属、种。

尾部覆羽，覆于尾羽的基部，可分为位于上体腰部后面的尾上覆羽和位于下体肛孔后面的尾下覆羽。中央尾羽：位于尾部中央的一对尾羽。外侧尾羽：位于中央尾羽的外侧。尾羽的描述特征为数目、形态，可鉴定至属、种。尾型：中央尾羽和外侧尾羽的长短不同而形成的不同形状，尾型的描述特征为平尾、圆尾、凸尾、楔尾、尖尾、凹尾、叉尾，可鉴定至属、种。

脚股，为脚的最上部，与躯干相接，通常被羽。胫，在股的下面，跗跖的上面，或被羽或裸出，描述特征为被羽程度，可鉴定至目、科、属。跗跖：在胫的下面，趾的上面，描述特征为形态、被羽程度、被鳞形态，可鉴定至科、属、种。距：跗跖后缘着生的角状突，描述特征为有无，可鉴定至目、科、属。

羽毛：羽轴，为羽毛的主干，羽毛突出于皮肤外的羽轴称为羽干。羽片（䎃），着生于羽干两侧，内侧称内䎃，外侧称外䎃，䎃的描述特征为斑纹形态，可鉴定至属、种。纤羽：羽轴纤细且呈毛发状，羽支和羽小支均数寡而形小。

羽毛斑纹：其呈点状的称点斑，呈鱼鳞状的称鳞斑，直行的称条纹，横走的称横斑，面积大而无定形的称块斑，形细而呈虫蠹状的称蠹状斑，形特长阔的称带斑，羽干与羽片异色而形成纵纹的称羽干纹。

二、鸟纲形态鉴别

1. 遗鸥

【别名】

钓鱼郎

【英文名】

Relict gull

【拉丁名】

Ichthyaetus relictus

【分类地位】

鸟纲（Aves）鸻形目（Charadriiformes）鸥科（Laridae）

【保护级别】

国家一级、CITES 附录 I

【分布】

神木市区

【鉴别特征】

体长 40cm 左右。肩、翼上覆羽淡灰色，与背同色；外侧初级飞羽白色，具黑色次端斑，次端斑自外向内逐渐扩大，至第 6 枚初级飞羽又缩小为一个小黑斑；第 1 枚初级飞羽外翈黑色，第 2、3 枚初级飞羽外翈前部黑色，第 1、2 枚初级飞羽前部黑色，次端斑后方各具一个大白斑；内侧初级飞羽和次级飞羽淡灰色，具白色先端。体侧、下体均纯白色。成鸟冬季头和上颈黑色，近端基处棕褐色，眼上下各有一个显著白斑。幼鸟第 1 年冬羽似成鸟冬羽，但耳覆羽无暗色斑，眼前有暗黑色新月形斑；后颈有暗色纵纹，三级飞羽和部分翅覆羽暗褐色，尾羽白色，末端具一条宽阔的黑色横带。

虹膜棕褐色；成鸟嘴暗红色，幼鸟嘴黑色或灰褐色；成鸟脚珊瑚红色或暗红色，幼鸟脚黑色。

【贸易类别】

标本

【基因库序列】

GenBank：NC_023777。BOLD：AAW9866。

⊙ 遗鸥标本

2. 白额燕鸥

【别名】

白额海燕、白顶燕鸥、小燕鸥

【英文名】

Little tern

【拉丁名】

Sternula albifrons

【分类地位】

鸟纲（Aves）鸻形目（Charadriiformes）燕鸥科（Sternidae）

【保护级别】

国家"三有"

【分布】

周至县、西乡县

【鉴别特征】

体长 24cm 左右。嘴细长，嘴峰形直（不成弧状），蹼膜发达；尾较长，超过翅长的 1/2，外侧尾羽较中央尾羽长，呈叉尾型。成鸟冬季、夏季羽毛颜色不同。夏季头顶、后颈及贯眼纹黑色，自嘴基至前额为白色；上体肩、背、两翅、腰浅灰色，尾上覆羽和尾羽白色；第 1、2 枚初级飞羽黑褐色，第 1 枚初级飞羽内翈羽缘有宽阔的楔形白斑，至羽端逐渐消失；颏、喉、胸、整个下体及翼下覆羽白色。冬季前额白色增多，头顶黑色变淡并向后颈退缩减少至月牙形。幼鸟头顶白色具褐色斑纹，上体灰色具褐色杂斑；尾较成鸟短，尾端褐色。

虹膜褐色。嘴夏季黄色，端部黑色；嘴冬季黑色，基部黄色。幼鸟嘴黑色。脚黄色。

【贸易类别】

标本

【基因库序列】

GenBank：NC_028176。BOLD：AAB8497。

⬆ 被盗猎的白额燕鸥

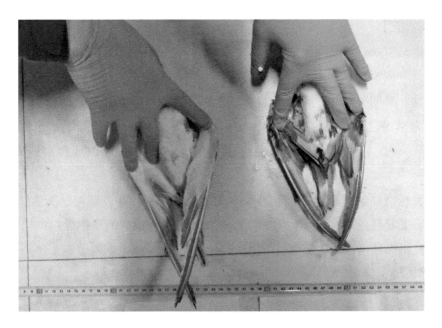

⊕ 尾呈叉尾型

3. 鹤鹬

【别名】

红足沙钻、斑点红腿

【英文名】

Spotted redshank

【拉丁名】

Tringa erythropus

【分类地位】

鸟纲（Aves）鸻形目（Charadriiformes）鹬科（Scolopacidae）

【保护级别】

国家"三有"

【分布】

大荔县、佛坪县

【鉴别特征】

体长 30cm 左右。嘴长且直。夏季全身羽毛黑色，具白色和褐灰色斑点，眼周具一圈窄的白色眼圈；冬季前额、头顶、后颈至上背为浅灰褐色，具白色细纹。具明显黑褐色过眼纹自嘴基至眼，过眼纹上具白色眉纹；两翼颜色较深为黑褐色，具白色斑点；中央尾羽灰褐色，外侧尾羽具黑白相间横斑；颏、喉、胸、腹、两胁、尾下覆羽均为白色，上胸、两胁和尾下覆羽具灰褐色斑点。

为相似种红脚鹬，红脚鹬夏季不为黑色，体形较小，腿短，无眉纹和过眼纹，嘴基红色较多，飞行时翅后缘有明显白色横纹，而鹤鹬无白色横纹。

虹膜褐色；嘴黑色，嘴基红色；脚红色。

【贸易类别】

标本

【基因库序列】

GenBank：NC_030585。BOLD：AAC7027。

⊕ 鹤鹬标本

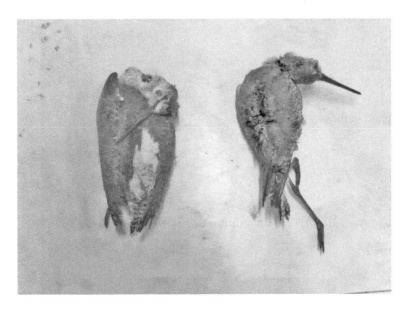

⊕ 被盗猎的鹬鹬

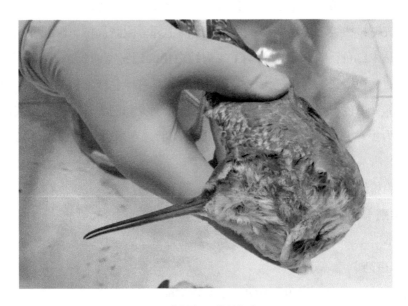

⊕ 嘴黑色，嘴基红色

4. 东方白鹳

【别名】

水老鹳

【英文名】

Oriental white stork

【拉丁名】

Ciconia boyciana

【分类地位】

鸟纲（Aves）鹳形目（Ciconiiformes）鹳科（Ciconiidae）

【保护级别】

国家一级、CITES 附录 I

【分布】

平利县、宁强县

【鉴别特征】

体长 120cm 左右。长而粗壮的嘴十分坚硬，仅基部缀有淡紫色或深红色。嘴基部较厚，往尖端逐渐变细，并且略微向上翘。眼睛周围、眼线和喉的裸露皮肤都是朱红色。身体上的羽毛主要为纯白色。翅膀宽而长，上面的大覆羽、初级覆羽、初级飞羽和次级飞羽均为黑色，并具有绿色或紫色的光泽。初级飞羽的基部为白色，内侧初级飞羽和次级飞羽除羽缘和羽尖外，均为银灰色，向内渐变为黑色。前颈的下部有呈披针形的长羽，在求偶炫耀的时候能竖直起来。腿、脚甚长。

虹膜粉红色，外圈为黑色；嘴黑色；腿鲜红色。

【贸易类别】

标本

【基因库序列】

GenBank：NC_002196；BOLD：ABX6766。

5. 黑鹳

【别名】

黑老鹳、乌鹳

【英文名】

Black stork

【拉丁名】

Ciconia nigra

【分类地位】

鸟纲（Aves）鹳形目（Ciconiiformes）鹳科（Ciconiidae）

【保护级别】

国家一级、CITES 附录 I

【分布】

西安市区、延安市区、华阴市区、铜川市区、榆林市区、神木市区、黄陵县、富县、周至县、眉县、大荔县、合阳县、洛南县、柞水县

【鉴别特征】

体长约 100cm。上体从头至尾包括翼羽呈黑褐色，具紫绿色金属光泽，颏、喉至上胸为黑褐色，下体余部为纯白色。围眼裸区为朱红色或褐灰色。幼鸟的头、颈及上胸均为褐色，颈及上胸羽端为棕褐色，呈点斑状。翼羽及尾端微缀以淡棕色。胸腹中央微具棕色。

虹膜暗褐色；嘴褐色；脚朱红色或褐灰色。

【贸易类别】

标本

【基因库序列】

GenBank：NC_023946。BOLD：AAJ0851。

⊛ 黑鹳标本（标本颜色因放置时间久而变化）

6. 朱鹮

【别名】

朱鹭、红鹤

【英文名】

Asian crested ibis

【拉丁名】

Nipponia nippon

【分类地位】

鸟纲（Aves）鹈形目（Pelecaniformes）鹮科（Threskiorothidae）

【保护级别】

国家一级、CITES 附录 I

【分布】

西安市区、安康市区、汉中市汉台区、洋县、城固县、汉阴县、佛坪县、西乡县、宁陕县、周至县、眉县

【鉴别特征】

体长约 70cm。通体白色，初级飞羽及腋羽沾粉红色，枕有柳叶形羽冠。头的前部裸露，呈朱红色。幼鸟羽毛为灰色。

虹膜橙色；嘴黑色，嘴尖和嘴基呈红色；脚红色。

【贸易类别】

标本

【基因库序列】

GenBank：NC_008132。BOLD：AAG3808。

⊕ 朱鹮标本

7. 白琵鹭

【别名】

琵嘴鹭、琵琶鹭

【英文名】

Eurasian spoonbill

【拉丁名】

Platalea leucorodia

【分类地位】

鸟纲（Aves）鹈形目（Pelecaniformes）鹮科（Threskiorothidae）

【保护级别】

国家二级、CITES 附录 II

【分布】

神木市区、汉中市汉台区、周至县、合阳县、石泉县

【鉴别特征】

体长约 85cm。全身白色，嘴长而直，上下扁平，前端扩大呈匙状。脚长，腿为黑色。夏羽为白色，头后枕部具长的发丝状冠羽，呈橙黄色。前额下部具微黄色颈圈。颏和上喉裸露无羽，呈橙黄色。冬羽和夏羽相似，为白色。头后枕部无羽冠，前颈下部亦无微黄色颈圈。幼鸟初级飞羽和次级飞羽端部呈暗灰色，初级飞羽的内翈、内侧飞羽的外翈具灰条纹。

虹膜褐色；嘴黑色，前端黄色，幼鸟全为黄色，杂以黑斑；脚黑色。

【贸易类别】

标本

【基因库序列】

GenBank：KT901459。BOLD：ADR5738。

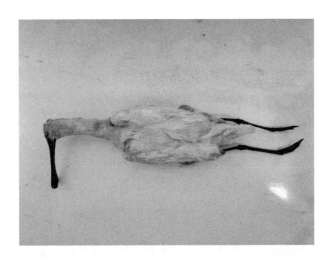

⊕ 白琵鹭标本

8. 苍鹭

【别名】

灰鹳、灰鹭

【英文名】

Grey heron

【拉丁名】

Ardea cinerea

【分类地位】

鸟纲（Aves）鹈形目（Pelecaniformes）鹭科（Ardeidae）

【保护级别】

国家"三有"

【分布】

陕西省广泛分布

【鉴别特征】

体长 84～102cm。成鸟头中央和颈为白色。有黑色过眼纹向后延伸至枕。头顶两侧有4枚细长的黑色冠羽，与过眼纹相连。前颈有2～3条蓝黑色纵纹。颈的基部羽毛细长。初级飞羽、初级覆羽、外侧次级飞羽、胸两边为黑灰色，胸、腹为白色，其余大部分为灰色。肩部羽毛细长而下垂，羽端呈白色。幼鸟头部及颈部灰色较重，无黑色。

虹膜黄色；嘴黄绿色；脚棕色。

【贸易类别】

标本

【基因库序列】

GenBank：NC_025900。BOLD：AB3738。

⊙ 苍鹭标本

⊙ 苍鹭有黑色过眼纹

⊙ 被盗猎剥皮后的苍鹭

9. 小白鹭

【别名】

白鹤、白鹭鸶、白鸟、春锄、极小白鹭、鹭鸶、丝琴、雪客、一杯鹭

【英文名】

Little egret

【拉丁名】

Egretta grazetta

【分类地位】

鸟纲（Aves）鹈形目（Pelecaniformes）鹭科（Ardeidae）

【保护级别】

国家"三有"

【分布】

广泛分布于陕西省低山河谷地区

【鉴别特征】

体长 60cm 左右。嘴细长，颈、脚甚长。全身羽毛为白色，夏季颈背有 2

枚长矛状羽，肩、前颈和背着生羽枝分散的长形蓑羽，胸前同样具矛状羽，眼先有部分皮肤裸露，呈粉红色；冬季长形蓑羽和矛状羽均消失，脸裸露皮肤呈黄绿色。

虹膜黄色；嘴黑色；腿及脚黑色，脚趾黄色。

【贸易类别】

标本

【基因库序列】

GenBank：NC_023981。BOLD：AAD9779。

⬆ 被盗猎的小白鹭

10. 大白鹭

【别名】

白鹭鸶、鹭鸶、白漂鸟、大白鹤、白庄、白洼、雪客

【英文名】

Great egret

【拉丁名】

Ardea alba

【分类地位】

鸟纲（Aves）鹈形目（Pelecaniformes）鹭科（Ardeidae）

【保护级别】

国家"三有"

【分布】

陕西省内渭河、汉江沿岸及其支流区域

【鉴别特征】

体长 95cm 左右。体形较其他白鹭大很多，颈背和胸前无矛状羽；嘴较厚重；全身羽毛为白色。夏季背上有呈分散状的蓑羽，眼先皮肤黑色；冬季背部无蓑羽，眼先皮肤黄色。

虹膜黄色；嘴夏季黑色，冬季黄色；腿及脚黑色，脚趾黑色。

【贸易类别】

标本

【基因库序列】

GenBank：NC_025916。BOLD：AAB6821。

⊛ 被非法交易的大白鹭标本

11. 白肩雕

【别名】

白膀子老雕、御雕

【英文名】

Imperial eagle

【拉丁名】

Aquila heliaca

【分类地位】

鸟纲（Aves）鹰形目（Accipitriformes）鹰科（Accipitridae）

【保护级别】

国家一级、CITES 附录 I

【分布】

西安市区、铜川市区、华阴市区、太白县

【鉴别特征】

体长约 78cm。全身大部分黑褐色，肩羽白色。头和颈棕褐色、前额和头顶黑色；上背及尾上覆羽具光泽，近羽基部有杂斑，羽尖端具宽的白斑；较长的肩羽纯白色。初级飞羽苍灰色；内侧飞羽近褐色，尾灰褐色，具 6 ～ 8 个不规则的细横斑，近端部具 70 ～ 90mm 的黑色横斑；下体黑褐色。

虹膜红褐色，幼鸟虹膜为暗褐色。嘴黑褐色。蜡膜黄色。脚黄色，爪黑色。

【贸易类别】

标本、爪制饰品

【基因库序列】

GenBank：NC_035806。BOLD：AAD2226。

12. 金雕

【别名】

金鹰、洁白雕、老雕、红头雕

【英文名】

Golden eagle

【拉丁名】

Aquila chrysaetos

【分类地位】

鸟纲（Aves）鹰形目（Accipitriformes）鹰科（Accipitridae）

【保护级别】

国家一级、CITES 附录 Ⅱ

【分布】

西安市区、延安市区、神木市区、安康市区、汉中市汉台区、周至县、武功县、扶风县、石泉县、镇坪县、佛坪县、洋县、眉县、留坝县、宁陕县、太白县、柞水县、宁强县、西乡县、平利县

【鉴别特征】

体长约 90cm。全身栗褐色，头顶黑褐色，头后至后颈的羽毛尖长，呈柳叶状，羽基暗赤褐色，羽端金黄色，并具暗色纵纹；背和两翅暗褐色，具紫色光泽，肩羽色较淡，翼羽黑褐色；内侧飞羽基部白色，形成翼斑；尾羽具不规则的暗灰褐色横斑或斑纹，先端 1/4 为黑褐色；胸、腹亦为黑褐色，胸中央具淡色纵纹，覆腿羽、尾下覆羽和翅下覆羽及腋羽均为暗褐色，覆腿羽具赤色纵纹。

虹膜栗褐色。嘴端部黑色，基部蓝褐色或蓝灰色。雏鸟嘴铅灰色。蜡膜黄色。脚黄色，爪黑色。

【贸易类别】

标本、爪制饰品

【基因库序列】

GenBank：NC_024087。BOLD：AAD2226。

⊕ 被救助的金雕

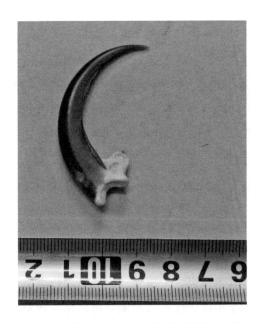

⊕ 金雕爪，常用来做吊坠，与其他猛禽爪相似，
物种认定应送至专业机构

13. 雀鹰

【别名】

鹞鹰、黄鹰、牙鹰、鹞子、朵子

【英文名】

Eurasian sparrowhawk

【拉丁名】

Accipiter nisus

【分类地位】

鸟纲（Aves）鹰形目（Accipitriformes）鹰科（Accipitridae）

【保护级别】

国家二级、CITES 附录 II

【分布】

华阴市区、渭南市区、安康市区、西安市长安区、周至县、洋县、西乡县、石泉县、定边县、佛坪县、留坝县、太白县、柞水县、平利县、镇坪县

【鉴别特征】

体长 31～41cm。雄鸟上体鼠灰色或暗灰色，头顶、枕和后颈较暗，前额微缀棕色，后颈羽基白色，其余上体自背至尾上覆羽暗灰色，尾上覆羽羽端有时缀有白色，尾羽灰褐色，具灰白色端斑和较宽的黑褐色次端斑，另外还具 4～5 个黑褐色横斑。初级飞羽暗褐色，内翈白色而具黑褐色横斑。其中第五枚初级飞羽内翈具缺刻，第六枚初级飞羽外翈具缺刻。次级飞羽外翈青灰色，内翈白色而具暗褐色横斑。翅上覆羽暗灰色。眼先灰色，具黑色刚毛。有的具白色眉纹。头侧和脸棕色。具暗色羽干纹。颏和喉满布褐色羽干细纹。胸、腹和两胁具红褐色或暗褐色细横斑。翅下覆羽和腋羽为白色或乳白色，具暗褐色或棕褐色细横斑。

雌鸟体形较雄鸟为大。前额乳白色，或缀有淡棕黄色，后颈具有较多白斑。颏和喉具较宽的暗褐色纵纹，覆腿羽均具暗褐色横斑，其余似雄鸟。

幼鸟头顶至后颈栗褐色，枕和后颈羽基灰白色，背至尾上覆羽暗褐色，各羽均具赤褐色羽缘，翅和尾似雌鸟。喉黄白色，具黑褐色羽干纹，胸具斑点状纵纹，胸以下具黄褐色或褐色横斑，其余似成鸟。

　　虹膜橙黄色。嘴暗铅灰色、尖端黑色、基部黄绿色。蜡膜黄色或黄绿色。脚和趾橙黄色，爪黑色。

【贸易类别】

　　标本、爪制饰品

【基因库序列】

　　GenBank：NC_025580。BOLD：AAB5171。

⊙ 雀鹰标本

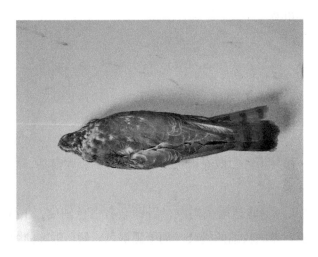

⊙ 雀鹰标本背面

⊕ 雀鹰标本腹面

14. 苍鹰

【别名】

鹰、牙鹰、黄鹰、鹞鹰、元鹰

【英文名】

Northern goshawk

【拉丁名】

Accipiter gentilis

【分类地位】

鸟纲（Aves）鹰形目（Accipitriformes）鹰科（Accipitridae）

【保护级别】

国家二级、CITES 附录 II

【分布】

汉中市区、榆林市区、西安市长安区、佛坪县、太白县、柞水县

【鉴别特征】

体长约 60cm，上体到尾灰褐色，后颈杂有白色细纹，下体污白色。胸、腹、两胁和覆腿羽布满较细的横纹，羽干黑褐色。颏、喉和前颈具黑褐色细纵纹。飞羽有暗褐色横斑，内翈基部有白色块斑。尾灰褐色，具 3 ～ 5 个黑褐色

横斑。跗跖前后缘均为盾状鳞。

虹膜金黄色或黄色。嘴黑色，基部蓝色。蜡膜黄绿色。脚黄色，爪黑色。

【贸易类别】

标本、爪制饰品

【基因库序列】

GenBank：NC_011818。BOLD：ABX6076。

⊕ 苍鹰标本正面（上）侧面（下）

15. 凤头鹰

【别名】

凤头苍鹰

【英文名】

Crested goshawk

【拉丁名】

Accipiter trivirgatus

【分类地位】

鸟纲（Aves）鹰形目（Accipitriformes）鹰科（Accipitridae）

【保护级别】

国家二级、CITES 附录 Ⅱ

【分布】

佛坪县、洋县

【鉴别特征】

体长 41 ～ 49cm。头前额至后颈鼠灰色，具显著的与头同色冠羽，其余上体褐色，尾具 4 个宽阔的暗色横斑。喉白色，具显著的黑色中央纹；胸棕褐色，具白色纵纹；其余下体白色，具窄的棕褐色横斑；尾下覆羽白色；翅短圆，后缘突出，翼下飞羽具数条宽阔的黑色横带。幼鸟上体褐色，下体白色或黄白色，具黑色纵纹。

虹膜金黄色。嘴角褐色，嘴峰和嘴尖黑色。蜡膜黄绿色。脚淡黄色，爪黑色。

【贸易类别】

标本

【基因库序列】

GenBank：NC_045364。BOLD：AED4797。

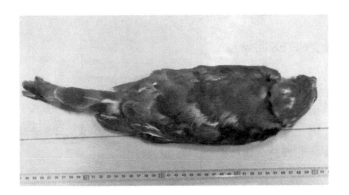

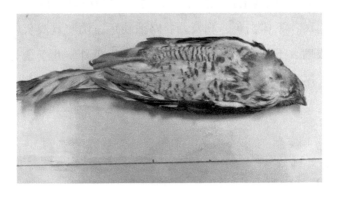

⊕ 凤头鹰标本背面（上）腹面（下）

16. 赤腹鹰

【别名】

鹅鹰、红鼻士排鲁鹞、鸽子鹰

【英文名】

Chinese goshawk

【拉丁名】

Accipiter soloensis

【分类地位】

鸟纲（Aves）鹰形目（Accipitriformes）鹰科（Accipitridae）

【保护级别】

国家二级、CITES 附录 II

【分布】

安康市区、西安市区、华阴市区、汉中市南郑区、佛坪县、周至县、宁陕县、城固县、洋县、山阳县、太白县、宁强县、石泉县、汉阴县、留坝县、柞水县、西乡县、平利县、镇坪县

【鉴别特征】

体长约 33cm。成鸟上体淡蓝灰色，背羽尖端略具白色，外侧尾羽具不明显的黑色横斑；下体白色，胸及两胁略沾粉色，两胁具浅灰色横纹，腿也略具横纹。成鸟翼下特征为除初级飞羽羽端为黑色外，几乎全为白色。亚成鸟上体褐色，尾具深色横斑，下体白色，喉具纵纹，胸及腿具褐色横斑。

虹膜红色或褐色。嘴灰色，端黑。蜡膜橘黄色。脚橘黄色。

【贸易类别】

标本

【基因库序列】

GenBank：KJ680303。BOLD：AAE9276。

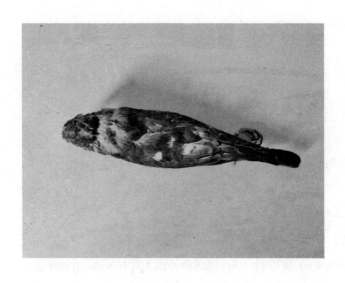

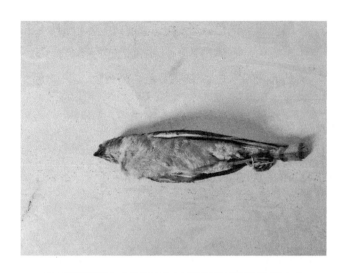

⊕ 赤腹鹰标本（此标本因久置颜色与活鸟差别大）

17. 松雀鹰

【别名】

松儿、松子鹰、摆胸、雀贼

【英文名】

Besra sparrow hawk

【拉丁名】

Accipiter virgatus

【分类地位】

鸟纲（Aves）鹰形目（Accipitriformes）鹰科（Accipitridae）

【保护级别】

国家二级、CITES 附录 Ⅱ

【分布】

西安市长安区、周至县、佛坪县、太白县、留坝县、洋县、柞水县

【鉴别特征】

体长 28 ～ 38cm。雄鸟上体黑灰色，喉白色，喉中央有一条宽阔而粗的黑

色条纹，其余下体白色或灰白色，具褐色或棕红色斑，尾具4个暗色横斑。雌鸟个体较大，上体暗褐色，下体白色，具褐色或赤棕褐色横斑。

虹膜黄色。嘴基部为铅蓝色，尖端黑色。脚黄色，爪黑色。

【贸易类别】

标本、爪饰品

【基因库序列】

GenBank：NC_026082。BOLD：AAC6518。

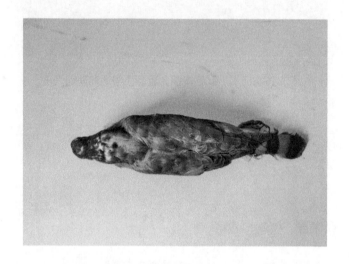

⊕ 松雀鹰标本

18. 日本松雀鹰

【英文名】

Japanese sparrow hawk

【拉丁名】

Accipiter gularis

【分类地位】

鸟纲（Aves）鹰形目（Accipitriformes）鹰科（Accipitridae）

【保护级别】

国家二级、CITES 附录Ⅱ

【分布】

陕西省内无分布

【鉴别特征】

体长 25 ～ 34cm。上体和翅膀表面灰色，枕和后颈羽毛基部白色，尾灰褐色，具 3 个黑色横斑，尾端黑色。喉白色，中央有一条黑色细纹。胸、腹和两胁白色，具浅灰色或棕色横斑。尾下覆羽白色。覆腿羽浅灰色，带褐粉色横斑。翅下覆羽白色而具灰色斑点。

虹膜深红色或黄色。嘴灰蓝色，尖端黑色。蜡膜黄色。脚黄色，爪黑色。

与松雀鹰的区别是喉中央的黑纹较为细窄；翅下覆羽为白色而具有灰色的斑点，而松雀鹰翅下覆羽为棕色；另外日本松雀鹰的腋羽为白色而具有灰色横斑，而松雀鹰的腋羽为棕色而具有黑色横斑。

【贸易类别】

标本

【基因库序列】

GenBank：KJ862126。BOLD：AAC6518。

⊕ 日本松雀鹰标本背面（上）腹面（下）

19. 黑翅鸢

【别名】

灰鹞子

【英文名】

Black-winged kite

【拉丁名】

Elanus caeruleus

【分类地位】

鸟纲（Aves）鹰形目（Accipitriformes）鹰科（Accipitridae）

【保护级别】

国家二级、CITES 附录Ⅱ

【分布】

陕西省内无分布

【鉴别特征】

体长 30cm 左右。身体主要有黑、白、灰三色。胸纯白色，眼周有黑斑；头顶至后颈逐渐变为灰色，背、肩、腰、翼覆羽及尾基部灰色；翅膀上缘有一块明显黑斑；初级飞羽形长；下体和翅下覆羽白色；尾呈叉状；跗跖后缘具网鳞，前面一半被羽、一半裸露。幼鸟头顶有暗淡的条纹，胸和头呈黄褐色。

成鸟虹膜红色，幼鸟虹膜黄褐色。嘴黑色。蜡膜淡黄色。脚黄色。

【贸易类别】

标本

【基因库序列】

GenBank：MT800539。BOLD：ACO5406。

⊙ 黑翅鸢标本

20. 普通鵟

【别名】

　　土豹子、鸡母鹞

【英文名】

　　Eastern buzzard

【拉丁名】

　　Buteo japonicus

【分类地位】

　　鸟纲（Aves）鹰形目（Accipitriformes）鹰科（Accipitridae）

【保护级别】

　　国家二级、CITES 附录 Ⅱ

【分布】

　　山阳县、石泉县、留坝县、洋县、周至县、西乡县

【鉴别特征】

　　体长 48cm 左右。上体深红褐色；脸侧皮黄色，具近红色细纹，栗色的

髭纹显著；下体主要为暗褐色或淡褐色，具深棕色横斑或纵纹，尾羽为淡灰褐色，具有多个暗色横斑，在初级飞羽的基部有明显的白斑，仅翼尖、翼角和飞羽的外缘为黑色或者全为黑褐色，尾羽呈扇形散开。鼻孔的位置与嘴裂平行。

虹膜黄色至褐色。嘴灰色，尖端黑色。蜡膜黄色。脚黄色。

【贸易类别】

标本

【基因库序列】

GenBank：GQ922641。BOLD：AAB3969。

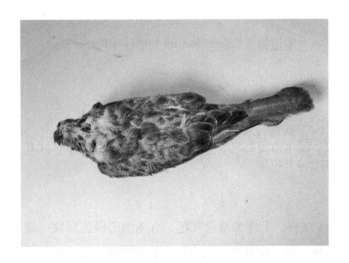

⊕ 普通鵟标本背面（上）腹面（下）

21. 燕隼

【别名】

青条子、土鹘、儿隼、蚂蚱鹰、虫鹞、青尖

【英文名】

Eurasian hobby

【拉丁名】

Falco subbuteo

【分类地位】

鸟纲（Aves）隼形目（Falconiformes）隼科（Falconidae）

【保护级别】

国家二级、CITES 附录 II

【分布】

西安市区、汉中市南郑区、宁强县、周至县、华阴市、洋县、留坝县、佛坪县、太白县

【鉴别特征】

体长 30cm 左右。上体为暗蓝灰色，有细细的白色眉纹，颊有垂直向下的黑色髭纹，颈侧、喉、胸和腹均为白色，胸和腹还有黑色的纵纹，下腹至尾下覆羽和覆腿羽为棕栗色。尾羽为灰色或石板褐色，除中央尾羽外，所有尾羽的内翈均具有皮黄色、棕色或黑褐色的横斑和淡棕黄色的羽端。翅膀折合时，翅尖几乎到达尾羽的端部，看上去很像燕子。

虹膜黑褐色。眼周和蜡膜黄色。嘴蓝灰色，尖端黑色。脚黄色，爪黑色。

【贸易类别】

标本

【基因库序列】

GenBank：EF515773。BOLD：AAC0850。

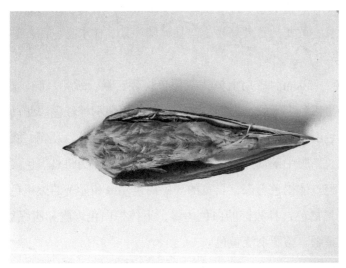

⊕ 燕隼标本背面（上）腹面（下）

22. 红脚隼

【别名】

青鹰、青燕子、黑花鹞、红腿鹞子

【英文名】

Red-footed falcon

【拉丁名】

Falco amurensis

【分类地位】

鸟纲（Aves）隼形目（Falconiformes）隼科（Falconidae）

【保护级别】

国家二级、CITES 附录Ⅱ

【分布】

西安市区、榆林市区、神木市区、华阴市区、眉县、太白县、定边县、潼关县、周至县、黄龙县、大荔县、洋县、佛坪县、柞水县、西乡县

【鉴别特征】

体长 26～30cm。雄鸟上体为灰黑色；颏、喉、颈侧、胸、腹颜色较淡，胸具较细的黑褐色羽干纹；肛周、尾下覆羽、覆腿羽棕红色。雌鸟上体为暗灰色，具黑褐色羽干纹，下背、肩具黑褐色横斑；颏、喉、颈侧、腹乳白色，胸具黑褐色纵纹，腹中部具点状斑或矢状斑，腹两侧和两胁具黑色横斑。幼鸟和雌鸟相似，但上体褐色更深，具宽的淡棕褐色端缘和显著的黑褐色横斑；初级和次级飞羽黑褐色，具沾棕的白色边缘，下体棕白色，胸和腹纵纹较为明显；肛周、尾下覆羽、覆腿羽淡黄色。

虹膜暗褐色。嘴黄色，先端灰色。脚橙黄色，爪淡白黄色。

【贸易类别】

标本

【基因库序列】

GenBank：NC_039842。BOLD：ACE7783。

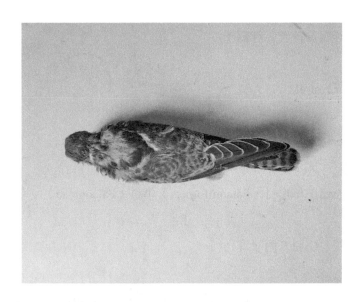

⬆ 红脚隼标本背面（上）腹面（下）

23. 红隼

【别名】

茶隼，红鹰，黄鹰，红鹞子

【英文名】

Common kestrel

【拉丁名】

Falco tinnunculus

【分类地位】

鸟纲（Aves）隼形目（Falconiformes）隼科（Falconidae）

【保护级别】

国家二级、CITES 附录 Ⅱ

【分布】

华阴市区、安康市区、西安市区、汉中市区、榆林市区、神木市区、渭南市区、太白县、礼泉县、宁陕县、平利县、定边县、潼关县、周至县、洋县、佛坪县、山阳县、留坝县、城固县、柞水县、西乡县、镇坪县

【鉴别特征】

体长 30～35cm。雄鸟头顶、颈背蓝灰色，上体赤褐色，具三角形黑斑；尾羽蓝灰色，末端具宽阔的黑斑，下体乳白色或乳黄色，具黑色纵纹。眼下有一条垂直向下的黑色髭纹。雌鸟体形略大，上体红棕色，有较多黑褐色粗横斑，下体乳黄色。

虹膜褐色。嘴灰色，先端黑色。蜡膜黄色。脚黄色。

【贸易类别】

标本

【基因库序列】

GenBank：EU196361。BOLD：AAB2172。

⊕ 红隼标本背面（上）腹面（下）

24. 游隼

【别名】

花梨鹰、鸽虎、鸭虎、青燕

【英文名】

Peregrine

【拉丁名】

Falco peregrinus

【分类地位】

鸟纲（Aves）隼形目（Falconiformes）隼科（Falconidae）

【保护级别】

国家二级、CITES 附录 II

【分布】

西安市区、太白县

【鉴别特征】

体长 45～50cm。头顶及后颈近黑色，脸颊有一条向下的粗黑色髭纹。上体深灰色略具横斑，喉、胸、下体白色，上胸具黑色细纵纹，下胸、腹、腿及尾下覆羽具黑色横斑。尾具黑色横带。雌鸟比雄鸟体形略大。

虹膜黑褐色。嘴灰色。蜡膜浅黄色。脚黄色。

【贸易类别】

标本

【基因库序列】

GenBank：JQ282801。BOLD：AAB4413。

⊙ 被盗猎的游隼

⊙ 游隼标本

25. 血雉

【别名】

松花鸡、太白鸡、血鸡、薮鸡、绿鸡、柳鸡

【英文名】

Blood pheasant

【拉丁名】

Ithaginis cruentus

【分类地位】

鸟纲（Aves）鸡形目（Galliformes）雉科（Phasianidae）

【保护级别】

国家二级、CITES 附录 II

【分布】

西安市区、安康市区、太白县、眉县、佛坪县、周至县、宁陕县、柞水县、洋县、镇安县、留坝县、宁强县

【鉴别特征】

体长约 37 ～ 45cm。雄鸟各羽多呈矛状，羽尖多沾红色。头顶土灰色，具蓬松冠羽，耳羽黑色。上体多褐灰色带白色细纹，胸、腰及尾上覆羽沾绿。尾灰色，有红色侧缘，尾下覆羽绯红色，翼羽暗褐色。雌鸟全身棕褐色，颜色单一，有黑褐色细纹。

虹膜黄褐色。嘴黑色。蜡膜红色。脚红色。

【贸易类别】

标本、肉

【基因库序列】

GenBank：NC_018033。BOLD：ADC8465。

⊕ 血雉雄鸟标本（标本颜色因放置时间久而产生较大变化）

26.蓝马鸡

【别名】

角鸡、柳鸡、绿鸡、马鸡、松鸡

【英文名】

Blue eared pheasant

【拉丁名】

Crossoptilon auritum

【分类地位】

鸟纲（Aves）鸡形目（Galliformes）雉科（Phasianidae）

【保护级别】

国家二级

【分布】

陕西省内无分布

【鉴别特征】

体长 95cm 左右。通体蓝灰色。具黑色天鹅绒式头盖，眼周皮肤裸露，呈赤红色。白色髭须延长成耳羽簇，长而硬，突出于头颈之上；尾羽弯曲，中央尾羽灰色，长于两侧尾羽，高于其他尾羽，羽枝下垂如马尾，外侧羽尾基部白色，端部蓝紫色。颈、背和飞羽表面带金属色光泽。

虹膜金黄色。嘴粉红色。脚红色，雄性有距。

【贸易类别】

标本、肉

【基因库序列】

GenBank：JF937589。BOLD：AAR4775。

⊕ 蓝马鸡通体蓝灰色，颈、背和飞羽表面带金属色光泽

27. 褐马鸡

【别名】

走鸡、角鸡、褐鸡

【英文名】

Brown eared pheasant

【拉丁名】

Crossoptilon mantchuricum

【分类地位】

鸟纲（Aves）鸡形目（Galliformes）雉科（Phasianidae）

【保护级别】

国家一级、CITES 附录 I

【分布】

韩城市区、黄龙县、宜川县

【鉴别特征】

体长 85～110cm。通体颜色为灰褐色。下背、腰、尾上覆羽和尾羽灰白色，尾羽末端黑色丝状羽较长。

虹膜橙黄色至红褐色。嘴粉红色。脚珊瑚红色。雄性有距。

【贸易类别】

标本、肉

【基因库序列】

GenBank：KY070317。BOLD：AAR4775。

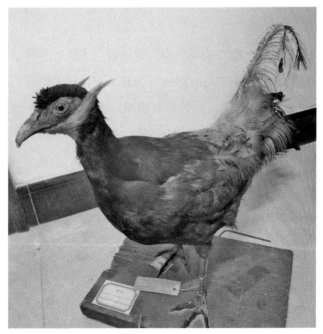

⊙ 褐马鸡标本

28. 环颈雉

【别名】

野鸡、雉鸡

【英文名】

Ring-necked pheasant

【拉丁名】

Phasianus colchicus

【分类地位】

鸟纲（Aves）鸡形目（Galliformes）雉科（Phasianidae）

【保护级别】

国家"三有"

【分布】

陕西省广泛分布

【鉴别特征】

体长约 58～90cm。雌鸟较雄鸟小。雄鸟羽色华丽，多具金属反光，头顶两侧各具有一束能耸立、羽端呈方形的耳羽簇，下背和腰的羽毛边缘披散如发状，多为蓝灰色；尾羽 18 枚，尾长并有横斑，中央尾羽比外侧尾羽长；颈有白色颈圈，脸红色，跗跖上有短而锐利的距。雌鸟的羽色暗淡，多为褐色和棕黄色，而杂以黑斑；尾羽也较短。

虹膜红色。嘴端部灰白色或淡黄色，基部灰色。雄鸟脚黄绿色，有短距；雌鸟脚红绿色，无距。

【贸易类别】

标本、肉

【基因库序列】

GenBank：NC_015526。BOLD：AAB9302。

⊙ 被盗猎的环颈雉

⊙ 雄鸟羽色华丽，尾长并有横斑

⊕ 雌鸟羽色暗淡，尾羽较短

29.红腹锦鸡

【别名】

金鸡、山鸡、采鸡

【英文名】

Golden pheasant

【拉丁名】

Chrysolophus pictus

【分类地位】

鸟纲（Aves）鸡形目（Galliformes）雉科（Phasianidae）

【保护级别】

国家二级

【分布】

旬阳市区、宝鸡市区、安康市区、汉中市区、华阴市区、西安市长安区、商洛市商州区、眉县、周至县、城固县、洋县、佛坪县、山阳县、丹凤县、太

白县、宁强县、石泉县、汉阴县、留坝县、宁陕县、柞水县、西乡县、平利县、凤县、镇巴县、紫阳县、白河县

【鉴别特征】

体长59～110cm。雄鸟头顶具金黄色丝状羽，后颈具金黄色扇形羽，羽端深蓝色，具黑色条纹，形成披风状。上背金属绿色，下背、腰和短的尾上覆羽金黄色，下体深红色。翼为蓝色，具金属光泽。尾长而弯曲，中央一对尾羽黑褐色具桂黄色点斑，外侧尾羽黄褐色。眼下裸露处有一个黄色肉坠。雌鸟体形较小，头顶和后颈黑褐色，其余为黄褐色，上体密布黑色横斑，下体淡黄色。

虹膜黄色。嘴黄色。脚黄色，雄性有距。

【贸易类别】

标本

【基因库序列】

GenBank：NC_014576。BOLD：AAJ5107。

⬆ 雄鸟颜色鲜艳

⬆ 雌鸟颜色暗淡

30. 灰胸竹鸡

【别名】

普通竹鸡、泥滑滑、山菌子

【英文名】

Chinese bamboo partridge

【拉丁名】

Bambusicola thoracicus

【分类地位】

鸟纲（Aves）鸡形目（Galliformes）雉科（Phasianidae）

【保护级别】

国家"三有"

【分布】

汉中市南郑区、石泉县、西乡县、宁陕县、汉阴县、佛坪县、洋县、城固县、宁强县、留坝县、周至县、柞水县

【鉴别特征】

体长 35cm 左右。具有明显的灰色眉纹，向后延伸至上背。头顶与后颈呈橄榄褐色，具不明显的褐色斑纹。肩和下背红棕色，有栗红色斑纹和白色斑点。头、颈两侧以及颏、喉栗红色，前胸蓝灰色，向上伸至两肩和上背，形成环状，环后缘栗红色，后胸、腹和尾下覆羽棕黄色。

虹膜褐色。嘴黑色。脚黄褐色，雄性有距。

【贸易类别】

标本、肉

【基因库序列】

GenBank：EU165706。BOLD：AAI7720。

⊕ 灰胸竹鸡标本背面（上）腹面（下）

31. 灰鹤

【别名】

千岁鹤、玄鹤、番薯鹤、鹄噜雁

【英文名】

Common crane

【拉丁名】

Grus grus

【分类地位】

鸟纲（Aves）鹤形目（Gruiformes）鹤科（Gruidae）

【保护级别】

国家二级、CITES 附录Ⅱ

【分布】

西安市区、汉中市区、榆林市区、神木市区、渭南市区、华阴市区、定边县、大荔县、千阳县、柞水县

【鉴别特征】

体长 115cm 左右。全身羽毛多灰色，头顶裸露，皮肤朱红色，具稀疏的黑色发状短羽，头及颈深青灰色。眼后有一条宽的白色条纹，并在后颈汇合，形成倒"人"字形。三级飞羽灰色，仅羽端黑褐色，羽枝分离呈毛发状。尾灰色，羽端近黑色。

虹膜赤褐色或黄褐色；嘴青灰色，先端略淡，呈乳黄色；脚灰黑色。

【贸易类别】

标本

【基因库序列】

GenBank：NC_020577。BOLD：AAE3708。

32. 蓑羽鹤

【别名】

闺秀鹤、灰鹤

【英文名】

Demoiselle crane

【拉丁名】

Grus virgo

【分类地位】

鸟纲（Aves）鹤形目（Gruiformes）鹤科（Gruidae）

【保护级别】

国家二级、CITES 附录 Ⅱ

【分布】

西安市区、周至县、城固县

【鉴别特征】

体长 68 ～ 92cm。通体羽毛呈石板灰色，背具蓝灰色蓑羽，头、颈及上胸灰黑色，颊两侧各生有一丛白色耳簇羽，羽毛延长成束状，垂于头侧。前颈和胸羽毛黑色，前颈黑色羽延长，悬垂于胸。飞羽和尾羽端部黑色。幼鸟体羽似成体但白色耳羽不向后延伸。

虹膜红色或橘色；嘴黄绿色；脚黑色。

【贸易类别】

标本

【基因库序列】

GenBank：FJ769845。BOLD：AAW5872。

⊕ 蓑羽鹤前颈黑色羽延长

33. 白胸苦恶鸟

【别名】

苦恶婆、白面鸡

【英文名】

White-breasted waterhen

【拉丁名】

Amaurornis phoenicurus

【分类地位】

鸟纲（Aves）鹤形目（Gruiformes）秧鸡科（Rallidae）

【保护级别】

国家"三有"

【分布】

陕西省广泛分布

【鉴别特征】

体长 26 ～ 35cm。头顶、后颈、背、肩石板灰色，尾上覆羽沾棕色；脸、喉、胸白色，上下体黑白分明，有明显界线。下腹和尾下覆羽红棕色，覆腿羽浅红棕色。

虹膜红色；嘴淡黄绿色，上嘴基部橙红色；脚黄褐色。

【贸易类别】

标本

【基因库序列】

GenBank：NC_024593。BOLD：AAC8575。

⊙ 白胸苦恶鸟标本侧面

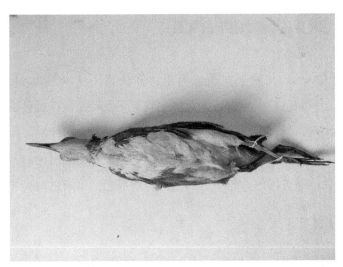

⊕ 白胸苦恶鸟标本背面（上）腹面（下）

34.大鸨

【别名】

地鵏、独豹、鸡鵏、老鸨、青鵏、套道格、羊鵏、野雁

【英文名】

Great bustard

【拉丁名】

Otis tarda

【分类地位】

鸟纲（Aves）鸨形目（Otidiformes）鸨科（Otididae）

【保护级别】

国家一级、CITES 附录 Ⅱ

【分布】

榆林市区、神木市区、延安市区、华阴市区、西安市区、渭南市区、周至县、定边县、大荔县、潼关县、合阳县

【鉴别特征】

体长约 120cm。头扁平，颈长而粗，背较宽，身体粗壮，腿强健有力。头、颈灰色，颈颜色较头略深，颈下侧至胸有一条较宽的棕褐色横带，其余上体棕色，具黑斑，下体及尾下白色。雄鸟喉两侧有胡须状纤羽。雌鸟无须。两翅覆羽白色。幼鸟两翅内侧覆羽棕色，有黑色横斑，羽端白色。

虹膜黄色；嘴黄褐色，先端近黑色；脚黄褐色，爪黑色，脚无后趾。

【贸易类别】

标本

【基因库序列】

GenBank：FJ751803。BOLD：ADC5732。

⊙ 大鸨标本侧面

35. 大天鹅

【别名】

大白鹅、喇叭天鹅、黄嘴天鹅

【英文名】

Whooper swan

【拉丁名】

Cygnus cygnus

【分类地位】

鸟纲（Aves）雁形目（Anseriformes）鸭科（Anatidae）

【保护级别】

国家二级

【分布】

榆林市区、神木市区、延安市区、华阴市区、西安市区、渭南市区、周至

县、定边县、大荔县、潼关县、合阳县、佛坪县

【鉴别特征】

体长约 145cm。全身羽毛白色，上嘴基部黄色，下嘴黑色。颈长，背部隆起。幼鸟羽毛灰棕色，嘴呈暗肉色。

虹膜暗褐色；嘴黄色，端部黑色；脚黑色。

【贸易类别】

标本

【基因库序列】

GenBank：NC_027095。BOLD：AAD5446。

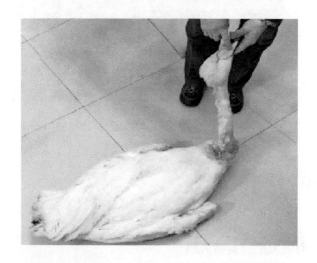

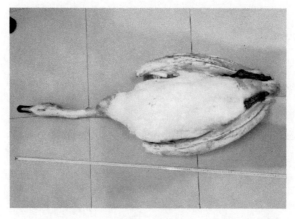

⊕ 被盗猎的大天鹅，体形较小天鹅大，嘴基部黄色较多

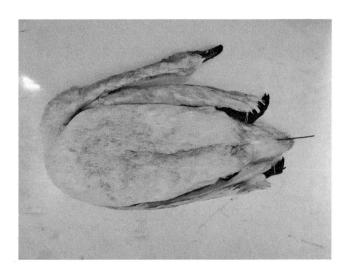

⊛ 大天鹅标本腹面

36. 小天鹅

【别名】

短嘴天鹅、啸声天鹅、苔原天鹅

【英文名】

Tundra swan

【拉丁名】

Cygnus columbianus

【分类地位】

鸟纲（Aves）雁形目（Anseriformes）鸭科（Anatidae）

【保护级别】

国家二级

【分布】

榆林市区、神木市区、西安市区

【鉴别特征】

与大天鹅相似，羽毛均为纯白色，脚和蹼黑色，但小天鹅体形较小，全长约110cm。区分方式是比较嘴基部黄色区域的大小，小天鹅黄色区域小，仅限于嘴基的两侧，沿嘴缘不延伸到鼻孔以下。幼鸟全身淡灰褐色，嘴基粉红色，嘴端黑色。

虹膜棕色；嘴端黑色；脚黑色。

【贸易类别】

标本

【基因库序列】

GenBank：DQ083161。BOLD：AAD5446。

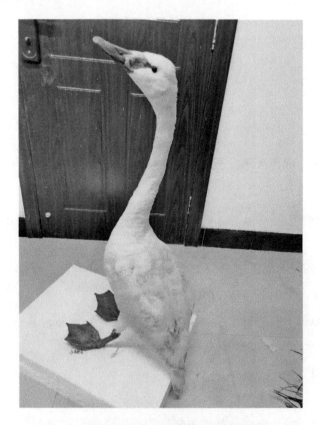

⊕ 小天鹅标本侧面，嘴基部黄色区域较小

37. 鸳鸯

【别名】

中国官鸭、官鸭、匹鸟、邓木鸟

【英文名】

Mandarin duck

【拉丁名】

Aix galericulata

【分类地位】

鸟纲（Aves）雁形目（Anseriformes）鸭科（Anat idae）

【保护级别】

国家二级

【分布】

华阴市区、佛坪县、大荔县、潼关县、汉阴县、石泉县、华县

【鉴别特征】

体长 45cm 左右。雄鸟羽毛色彩艳丽，头具羽冠，眼后有宽阔的白色眉纹，颈两侧有领羽，呈金栗色；翅上有一对棕黄色的帆状直立羽毛；背、腰暗褐色，尾羽暗褐色，背和尾羽毛均为铜绿色，有金属光泽。腹白色。雌鸟无艳丽羽毛、无羽冠、无帆状直立羽；相对于雄鸟宽阔的、白色眉纹，雌鸟仅有细的、白色眉纹；整体羽毛呈灰褐色，杂有白色斑点，喉、腹白色。

虹膜褐色；雄鸟嘴红色，雌鸟嘴灰色；脚黄色。

【贸易类别】

标本

【基因库序列】

GenBank：KF437906。BOLD：AAD3743。

⊕ 鸳鸯雄鸟羽毛色彩艳丽

⊕ 鸳鸯雌鸟羽毛色彩暗淡

38. 绿头鸭

【别名】

大野鸭

【英文名】

Common mallard

【拉丁名】

Anas platyrhynchos

【分类地位】

鸟纲（Aves）雁形目（Anseriformes）鸭科（Anat idae）

【保护级别】

陕西省省级、国家"三有"

【分布】

汉江及渭河流域、定边县、延安市区

【鉴别特征】

体长 58cm 左右。雄鸟头及颈深绿色带光泽，颈有一条细的白色颈环，胸栗色。上体黑褐色，具白色细斑；腰、尾上覆羽、中央两对尾羽黑色，尾羽上卷成钩状，外侧尾羽灰褐色、边缘白色；两翅浅褐色，具翼镜，呈蓝紫色有金属光泽，翼镜上下均有白色边缘；下胸和腹灰白色，具暗色波纹状斑。雌鸟头无绿色羽毛，有一对黑褐色贯眼纹，头顶至枕黑色；上体具"V"形白斑；腹颜色较浅，杂有暗褐色纵纹；两翅与雄鸟相似，具翼镜，呈蓝紫色有金属光泽。幼鸟似雌鸟，但喉颜色较淡，下体白色，具黑褐色斑和纵纹。

虹膜棕褐色；雄鸟嘴黄色，雌鸟嘴黑褐色，嘴端暗棕黄色；雄鸟脚红色，雌鸟脚橙黄色。

【贸易类别】

标本

【基因库序列】

GenBank：MF069248。BOLD：AAA8100。

⊕ 刚收缴的绿头鸭标本

⬆ 绿头鸭标本背面（上）侧面（下）

39. 斑嘴鸭

【别名】

中华斑嘴鸭、中国斑嘴鸭、东方斑嘴鸭、稗鸭、大燎鸭、谷鸭、黄嘴尖鸭、火燎鸭、夏凫

【英文名】

Chinese spot-billed duck

【拉丁名】

Anas zonorhyncha

【分类地位】

鸟纲（Aves）雁形目（Anseriformes）鸭科（Anat idae）

【保护级别】

陕西省省级、国家"三有"

【分布】

西安市区、渭南市区、榆林市区、安康市区、汉中市南郑区、眉县、周至县、大荔县、靖边县、石泉县

【鉴别特征】

体长 60cm 左右。雌雄羽色相似。头顶及眼先黑褐色，颊、上颈侧、眉纹和喉乳白色。体羽深褐色，边缘白色，尾羽羽缘颜色较浅。次级飞羽具翼镜，呈蓝色，有金属光泽，近端处黑色，端部白色。雌鸟下体自胸以下均为乳白色，杂以褐色斑。

虹膜黑褐色，外围橙黄色；嘴黑色，端部黄色，雌鸟嘴端部黄色不明显，繁殖期嘴端部顶点有一个黑色斑点；脚橙红色，爪黑色。

【贸易类别】

标本

【基因库序列】

GenBank：KF751616。BOLD：AAA8100。

⊙ 斑嘴鸭标本背面（上）腹面（下）

⊙ 被救助的斑嘴鸭，嘴端部黄色明显

40. 绿翅鸭

【别名】

　　小凫、小水鸭、小麻鸭、巴鸭、八鸭、小蚬鸭

【英文名】

　　Green-winged teal

【拉丁名】

　　Anas crecca

【分类地位】

　　鸟纲（Aves）雁形目（Anseriformes）鸭科（Anat idae）

【保护级别】

　　国家"三有"

【分布】

　　陕西省内汉江及渭河流域均有分布

【鉴别特征】

　　体长 37cm 左右。雄鸟自眼至后颈有一对宽阔明显的亮绿色条带，有金属光

泽，下缘有一条白色细纹一直向前延伸至嘴角；头顶和颈栗色。上体大部分被黑白相间的细波浪形斑纹覆盖，肩羽外侧边缘有一对长长的白色条纹；次级飞羽具翼镜，呈亮绿色，有金属光泽，外侧边缘黑色。下体乳白色，尾下覆羽前端黑色，外缘为淡黄色。雌鸟脸无亮绿色条带，上体有暗褐色斑驳，下体棕白色，羽上有翼镜，但比雄鸟小。

虹膜褐色；嘴灰色；脚褐色。

【贸易类别】

标本

【基因库序列】

GenBank：NC_022452。BOLD：AAB9508。

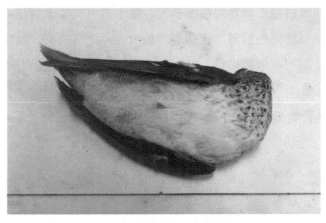

⊛ 绿翅鸭标本背面（上）腹面（下）

41. 大杜鹃

【别名】

喀咕、布谷、子规、杜宇、郭公、获谷

【英文名】

Common cuckoos

【拉丁名】

Cuculus canorus

【分类地位】

鸟纲（Aves）鹃形目（Cuculiformes）杜鹃科（Cuculidae）

【保护级别】

国家"三有"

【分布】

神木市区、西安市区、华阴市区、眉县、定边县、周至县、留坝县、宁强县

【鉴别特征】

体长 32cm 左右。嘴端稍曲。上体和胸灰色，腰及尾上覆羽深灰色，尾羽黑褐色，具模糊横纹、白色端斑，中央尾羽颜色较深，两侧尾羽颜色略浅，羽干两侧具白色斑点。两翅折合时次级飞羽的长度接近初级飞羽 1/2，两翅灰色，翅缘白色，具暗褐色细横斑，翅下覆羽具显著而整齐的横斑。下体白色，具狭形黑褐色横斑。颈和脚均较短，胫全部被羽，跗跖前缘全部被羽。幼鸟头、胸、上体黑褐色，具白色羽缘，形成鳞状斑；下体白色，杂以黑褐色横斑。

虹膜黄色；嘴黑褐色，下嘴基部黄色；脚黄色。

【贸易类别】

标本

【基因库序列】

GenBank：MN067867。BOLD：AAB8529。

⊕ 大杜鹃标本背面（上）腹面（下）

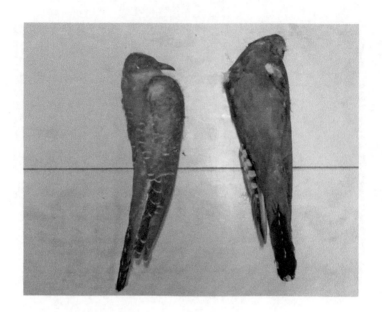

⊕ 被盗猎的大杜鹃

42. 小杜鹃

【别名】

催归、阳雀、阴天打酒喝、小布谷鸟

【英文名】

Lesser Cuckoo，Small cuckoo，Litter cuckoo

【拉丁名】

Cuculus poliocephalus

【分类地位】

鸟纲（Aves）鹃形目（Cuculiformes）杜鹃科（Cuculidae）

【保护级别】

国家"三有"

【分布】

汉中市南郑区、周至县、太白县、佛坪县、留坝县、洋县、西乡县、镇坪县

【鉴别特征】

体长 26cm 左右。上体灰色，有淡色斑纹；下胸和下体白色，具有明显的黑色横斑，尾下覆羽沾黄色。尾羽灰色，末端白色，体形较大杜鹃小。

虹膜褐色或灰褐色，眼圈黄色；嘴黄色，端部黑色；脚黄色。

【贸易类别】

标本

【基因库序列】

GenBank：NC_028414。BOLD：AAE3242。

⊕ 刚收缴的小杜鹃标本背面（上）腹面（下）

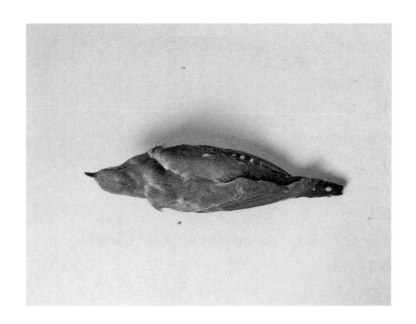

⊕ 小杜鹃标本背面（上）腹面（下）

43. 绿嘴地鹃

【别名】

灰毛鸡，大绿嘴地鹃

【英文名】

Green-billed malkoha

【拉丁名】

Phaenicophaeus tristis

【分类地位】

鸟纲（Aves）鹃形目（Cuculiformes）杜鹃科（Cuculidae）

【保护级别】

国家"三有"

【分布】

陕西省内无分布

【鉴别特征】

体长55cm左右。全身大部分羽毛灰绿色，头及上背颜色较浅。嘴峰弯曲。眼周裸露，皮肤在繁殖期为赤红色，非繁殖期为暗红色。翅短圆；背中间、翼上覆羽和尾上覆羽为墨绿色，具金属光泽；尾末端白色。幼鸟与成鸟相似，但缺少金属光泽，尾短。

虹膜红褐色；嘴绿色；脚灰绿色。

【贸易类别】

标本

【基因库序列】

GenBank：OL657032。BOLD：AAW4289。

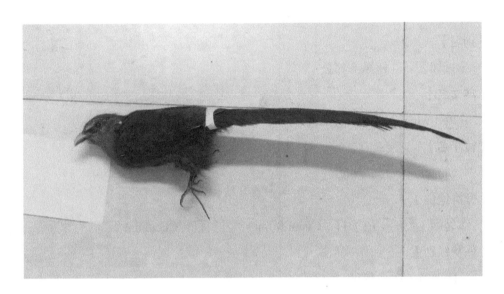

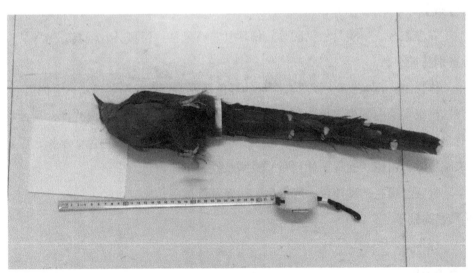

↑ 绿嘴地鹃标本侧面（上）腹面（下）

44. 红翅凤头鹃

【别名】

冠郭公、红翅凤头郭公

【英文名】

Red-winged crested cuckoo

【拉丁名】

Clamator coromandus

【分类地位】

鸟纲（Aves）鹃形目（Cuculiformes）杜鹃科（Cuculidae）

【保护级别】

陕西省省级、国家"三有"

【分布】

安康市区、宁陕县、汉阴县、佛坪县、石泉县、留坝县、洋县、镇坪县

【鉴别特征】

体长45cm左右。头顶具有明显的黑色羽冠，直立时形似凤头；上体黑色，背、次级飞羽内侧墨绿色，具金属光泽，腰及尾蓝黑色，具金属光泽；后颈具有半圈白色细条纹；翅膀栗色，喉及上胸橙褐色，下胸、腹白色。尾长，尾羽末端边缘具白斑。幼鸟上体褐色，具鳞状纹，下体白色。

虹膜红褐色；嘴黑色；脚黑色，跗跖基部被羽。

【贸易类别】

标本

【基因库序列】

GenBank：KJ456234。BOLD：AAJ1093。

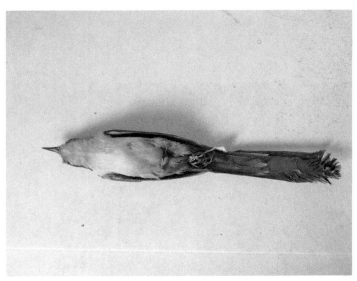

⊕ 红翅凤头鹃标本背面（上）腹面（下）

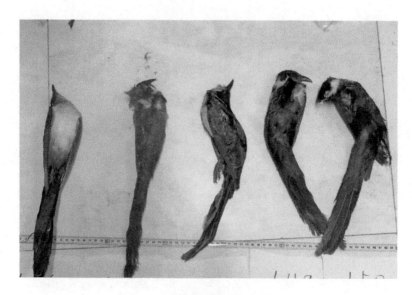

⊙ 被盗猎的红翅凤头鹃

⊙ 头顶具有明显的黑色羽冠

45. 红绿金刚鹦鹉

【别名】

绿翅金刚鹦鹉、小金刚鹦鹉

【英文名】

Red and green macaw

【拉丁名】

Ara chloropterus

【分类地位】

鸟纲（Aves）鹦形目（Psittaciformes）鹦鹉科（Psittacidae）

【保护级别】

CITES 附录 II

【分布】

陕西省内无分布

【鉴别特征】

体长 90～95cm。成鸟头、颈、胸和翕两侧羽毛红色；肩和三级飞羽绿色，偶尔夹杂黄色羽毛；尾羽红色与蓝色相间；面颊皮肤裸露，呈白色，覆盖一排排红色小羽毛，形成特有的红色细纹。

虹膜淡黄色；上嘴白色，下嘴黑色；脚黑色。

【贸易类别】

标本

【基因库序列】

GenBank：NC_047199。BOLD：AAE6337。

⊕ 红绿金刚鹦鹉标本背面（上）腹面（下）

46. 领雀嘴鹎

【别名】

羊头公、中国圆嘴布鲁布鲁、绿鹦嘴鹎、青冠雀

【英文名】

Collared finchbill

【拉丁名】

Spizixos semitorques

【分类地位】

鸟纲（Aves）雀形目（Passeriformes）鹎科（Pycnonotidae）

【保护级别】

国家"三有"

【分布】

广布于陕西省南部

【鉴别特征】

体长 23cm 左右。额、头顶、颊黑色，嘴基周围白色，颊具白色细纹。鼻孔几乎全被密羽所掩盖。嘴短厚，上嘴略向下弯曲。头下部至后颈颜色由黑色逐渐变为深灰色，枕部毛状羽短而少，颈项具纤羽，颈有半环状白圈。体羽柔软而疏松。胸和两胁橄榄绿色；腹和尾下覆羽鲜黄色；背、肩、腰和尾上覆羽橄榄绿色。尾上覆羽颜色稍浅淡。尾橄榄黄色，具宽阔的暗褐色至黑褐色端斑。跗跖短。尾呈圆形、方形或凸形，但不为叉状。

虹膜红褐色；嘴肉黄色；脚褐色。

【贸易类别】

标本

【基因库序列】

GenBank：NC_029321。BOLD：ADR9884。

⤒ 被盗猎的领雀嘴鹎，整体呈橄榄绿色，颈有半环状白圈

47. 黄臀鹎

【别名】

黄屁股雀

【英文名】

Brown-breasted bulbul

【拉丁名】

Pycnonotus xanthorrhous

【分类地位】

鸟纲（Aves）雀形目（Passeriformes）鹎科（Pycnonotidae）

【保护级别】

国家"三有"

【分布】

广布于陕西省南部

【鉴别特征】

体长 20cm 左右。耳羽褐色，头顶、额、枕、眼周黑色，头顶具光泽；下嘴基部两侧各有一个红色小斑点；颏、喉白色，下胸、腹乳白色，上胸有宽的

棕褐色条带；肩、背、两翅、腰、尾上覆羽褐色，飞羽羽缘色淡；尾下覆羽黄色或橙黄色；两胁灰褐色。

虹膜褐色；嘴黑色；脚黑色。

【贸易类别】

标本

【基因库序列】

GenBank：NC_031830。BOLD：ADK2769。

⊕ 刚收缴的黄臀鹎标本背面（上）腹面（下）

⊕ 黄臀鹎标本背面（上）腹面（下）

48. 白头鹎

【别名】

白头婆、白头翁

【英文名】

Light-vented bulbul

【拉丁名】

Pycnonotus sinensis

【分类地位】

鸟纲（Aves）雀形目（Passeriformes）鹎科（Pycnonotidae）

【保护级别】

国家"三有"

【分布】

广布于陕西省南部

【鉴别特征】

体长 19cm 左右。头顶略具羽冠；耳羽后有一块白斑，两眼后方至颈背白色，形成一条白色枕环，颏、喉白色，头其余部分黑色，头顶的白斑极为明显，因此又称"白头翁"。体羽柔长而疏松，上体大部分为灰绿色，具黄绿色羽缘，上体有许多暗色纵纹。胸灰褐色，形成一条不明显的横带；腹白色，夹杂黄绿色纵纹；尾下覆羽白色。幼鸟头灰橄榄色。

虹膜褐色；嘴黑色；脚黑色。

【贸易类别】

标本

【基因库序列】

GenBank：NC_013838。BOLD：AAE8344。

⊕ 白头鹎标本背面

⊕ 白头鹎标本腹面

49. 黑枕黄鹂

【别名】

黄鹂、黄莺、黄鸟

【英文名】

Black-naped oriole

【拉丁名】

Oriolus chinensis

【分类地位】

鸟纲（Aves）雀形目（Passeriformes）黄鹂科（Oriolidae）

【保护级别】

国家"三有"

【分布】

广布于陕西省南部、关中地区

【鉴别特征】

体长25cm左右。体羽主要为黄色和黑色，两翅黑色，翅上大覆羽外翈和羽端黄色，尾中央黑色、两边黄色；下背黄绿色；头顶黄色，宽阔的黑色贯眼纹延伸至枕，形成一条围绕头顶的黑带。雌鸟与雄鸟羽色相似，但雌鸟羽色较暗淡。幼鸟具纵纹。

虹膜红褐色；嘴粉红色；脚铅蓝色。

【贸易类别】

标本、活体

【基因库序列】

GenBank：NC_020424。BOLD：AAD3513。

⊙ **黑枕黄鹂标本侧面**

⬆ 黑枕黄鹂标本背面（上）腹面（下）

50. 灰椋鸟

【别名】

高粱儿、高粱头、管莲子

【英文名】

White-cheeked starling

【拉丁名】

Spodiopsar cineraceus

【分类地位】

鸟纲（Aves）雀形目（Passeriformes）椋鸟科（Sturnidae）

【保护级别】

国家"三有"

【分布】

广布于陕西省南部、定边县、榆林市区、神木市区

【鉴别特征】

体长 24cm 左右。额羽短，头侧完全被羽，雄鸟头顶、后颈、颈侧和上胸黑色，前额、脸侧白色，具黑色细纹；嘴粗，与头几乎等长；上体灰褐色，初级飞羽边缘呈灰白色，次级飞羽灰白色边缘较宽；外侧几枚尾羽黑色而端白，下胸、两胁和腹浅灰褐色，尾下覆羽白色。雌鸟和雄鸟毛色相似，雌鸟头黑色较少，仅前额杂有白色，雌鸟全身颜色较雄鸟颜色浅。

虹膜褐色；嘴黄色，尖端黑色；脚橙黄色。

【贸易类别】

标本

【基因库序列】

GenBank：NC_015237。BOLD：AAC7418。

⬆ 收缴的灰椋鸟标本背面

⊕ 收缴的灰椋鸟标本腹面

⊕ 灰椋鸟标本背面

⊛ 灰椋鸟标本腹面

51. 八哥

【别名】

凤头八哥、寒皋、华华、了哥仔、鸲鹆、鹦鹆、黑八哥

【英文名】

Crested myna

【拉丁名】

Acridotheres cristatellus

【分类地位】

鸟纲（Aves）雀形目（Passeriformes）椋鸟科（Sturnidae）

【保护级别】

国家"三有"

【分布】

陕西省秦岭南坡及巴山地区

【鉴别特征】

体长 26cm 左右。前额具簇状冠羽，冠羽黑色，具金属光泽；全身黑色，

光泽不如冠羽；初级飞羽基部白色，形成宽阔明显的白色翅斑；尾下覆羽具白色端斑。

虹膜橙色；嘴浅黄色，基部红色；脚黄色。

【贸易类别】

标本、活体

【基因库序列】

GenBank：NC_015613。BOLD：ABY8252。

⬆ 被非法饲养的八哥，前额具冠羽

52. 蓝喉太阳鸟

【别名】

桐花凤

【英文名】

Gould's sunbird

【拉丁名】

Aethopyga gouldiae

【分类地位】

鸟纲（Aves）雀形目（Passeriformes）太阳鸟科（Nectariniidae）

【保护级别】

国家"三有"

【分布】

安康市区、太白县、周至县、留坝县、宁陕县、佛坪县、洋县、城固县、柞水县、宁强县、镇坪县

【鉴别特征】

雄鸟体形略大，体长 13～16cm；雌鸟体长 9～11cm。雄鸟前额到头顶紫蓝色，颏和喉均为紫蓝色，颏、喉具金属光泽；眼先、颊、头侧、后颈、颈侧、背、肩以及翅上中覆羽和小覆羽鲜红色或深猩红色，耳羽后侧和胸侧各有一个紫蓝色斑；腰黄色；尾羽蓝色，中央尾羽延长部分为深紫色；两翅暗褐黑色，飞羽具窄的橄榄绿色羽缘；腹黄色，后胁黄色。与雄鸟相比，雌鸟的颜色暗淡，雌鸟上体橄榄色，下体绿黄色；颊、耳羽、颈侧、颏、喉和上胸灰橄榄绿色；颏、喉颜色较灰，微沾橄榄黄色。

虹膜深褐色；嘴黑色；脚褐色。

【贸易类别】

标本、活体

【基因库序列】

GenBank：NC_027241。BOLD：ADC6295。

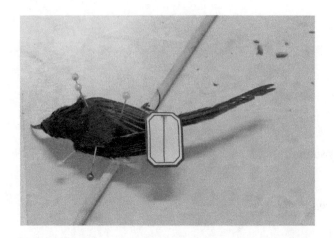

⊕ 蓝喉太阳鸟标本背面（上）腹面（下）

53. 黑领噪鹛

【别名】

黑领画眉

【英文名】

Greater necklaced laughingthrush

【拉丁名】

Garrulax pectoralis

【分类地位】

鸟纲（Aves）雀形目（Passeriformes）噪鹛科（Leiothrichidae）

【保护级别】

国家"三有"

【分布】

石泉县、宁陕县、汉阴县、洋县、西乡县、佛坪县、周至县、宁强县、太白县

【鉴别特征】

体长约30cm。具黑色颊纹，眼先及喉白色沾棕，眉纹白色，耳羽黑色，杂以白色纵纹；胸具黑带，向上延伸与黑色颧纹相连。上体包括两翅和尾羽为棕褐色；外侧尾羽外端具黑褐色斑；下体棕白色或淡黄色。两胁和尾下覆羽棕色。鼻孔上仅有少数须悬垂。

虹膜棕色；上嘴为黑色或褐色，下嘴灰色，基部黄色；脚蓝灰色。

【贸易类别】

标本、活体

【基因库序列】

GenBank：EU447028。BOLD：AAL2450。

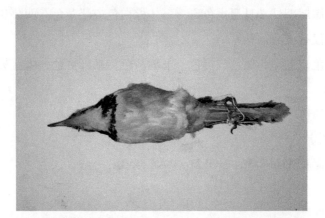

⊕ 黑领噪鹛标本

54. 黑喉噪鹛

【别名】

黑喉笑鸫、山土鸟、珊瑚鸟

【英文名】

Black-throated laughingthrush

【拉丁名】

Garrulax chinensis

【分类地位】

鸟纲（Aves）雀形目（Passeriformes）噪鹛科（Leiothrichidae）

【保护级别】

国家二级

【分布】

陕西省内无分布

【鉴别特征】

体长 23cm 左右。嘴厚而直；鼻孔处有黑色羽毛遮盖；头顶至后颈灰蓝色，颈侧、胸、腹深灰色；颏和喉黑色，额基部有一个白斑，颊白色；背、肩、翅等上体橄榄灰色，飞羽黑褐色，初级飞羽羽缘灰色或银灰色；尾羽颜色较上体略深，外缘黑色，最外面的一对尾羽黑色。

虹膜棕红色或洋红色；嘴黑色或黑褐色；脚褐色或灰色。

【贸易类别】

标本、活体

【基因库序列】

GenBank：EU447039。BOLD：AAE6182。

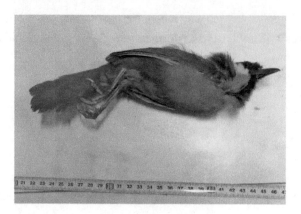

⚡ 被盗猎的黑喉噪鹛标本

55. 白颊噪鹛

【别名】

土画眉、白颊笑鸫、白眉笑鸫、白眉噪鹛

【英文名】

White-browed laughingthrush

【拉丁名】

Garrulax sannio

【分类地位】

鸟纲（Aves）雀形目（Passeriformes）噪鹛科（Leiothrichidae）

【保护级别】

国家二级

【分布】

安康市区、华阴市区、汉中市南郑区、留坝县、洋县、西乡县、石泉县、宁陕县、汉阴县、眉县、周至县、城固县、山阳县、佛坪县、太白县、宁强县、留坝县、柞水县

【鉴别特征】

体长 25cm 左右。嘴厚而直，鼻孔几乎完全被须遮盖；头顶深栗褐色，白色眉纹和白色下颊纹被深栗褐色的眼后纹所隔开；后颈和颈侧浅棕色；上体、两翅和尾上覆羽棕褐色或橄榄褐色；颏、喉和上胸淡栗褐色或棕褐色，下胸和腹颜色逐渐变浅；尾下覆羽红棕色。

虹膜褐色或栗色；嘴黑褐色；脚黄褐色或灰褐色。

【贸易类别】

标本、活体

【基因库序列】

GenBank：KR869824。BOLD：AAF4849。

⊙ 被盗猎的白颊噪鹛

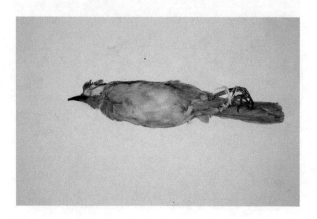

⟨↑⟩ 白颊噪鹛标本

56. 画眉

【别名】

金画眉

【英文名】

Chinese hwamei

【拉丁名】

Garrulax canorus

【分类地位】

鸟纲（Aves）雀形目（Passeriformes）噪鹛科（Leiothrichidae）

【保护级别】

国家二级、CITES 附录Ⅱ

【分布】

陕西省秦岭地区广泛分布

【鉴别特征】

体长 22cm 左右。特征为白色的眼圈在眼后延伸成狭窄的眉纹。全身大部分颜色为棕褐色，自额至上背、上胸、侧胸具宽阔的黑褐色纵纹，纵纹前段色深、后段色浅；两翅表面为棕橄榄褐色；尾羽为暗褐色，具黑褐色横斑，尾末端颜色较深；腹中灰色，其余下体棕色。上嘴近端处微具齿突，上嘴甲稍长于下嘴甲，鼻孔上方几乎完全裸露，仅有少数较长的黑色髭毛。

虹膜黄色；嘴橘黄色；脚黄褐色。

【贸易类别】

标本、活体

【基因库序列】

GenBank：KT633399。BOLD：AAI7017。

⬆ 被非法饲养的画眉

57. 太平鸟

【别名】

十二黄、连雀、黄连雀

【英文名】

Bohemian waxwing

【拉丁名】

Bombycilla garrulus

【分类地位】

鸟纲（Aves）雀形目（Passeriformes）太平鸟科（Bombycillidae）

【保护级别】

国家"三有"

【分布】

西安市区、留坝县、洋县、西乡县、石泉县、宁陕县、汉阴县

【鉴别特征】

体长 18cm 左右。全身大部分呈灰褐色；额基黑色，头顶前部额栗色，向后颜色变淡。头顶具羽冠，黑色贯眼纹从上嘴基部、眼先、围眼、眼后至后枕。额、喉黑色，颊与喉交汇处为淡栗色，其前下缘近白；背、肩羽灰褐色，腰及尾上覆羽灰色，尾羽灰褐色，向端部逐渐变深为黑色，而尖端为黄色。第一枚飞羽最长，其内侧数羽形状突然缩短，形成尖形翼端。初级覆羽黑色，先端白色，形成翅斑。自第二枚初级飞羽向内的外翈端部具淡黄色或白色狭长端斑。次级飞羽外翈具白色端斑，同时羽轴延伸出羽端 2 ～ 8mm，形成红色蜡质滴状斑；胸与背颜色相同，腹灰色，尾下覆羽栗色。

虹膜褐色；嘴黑色，基部灰色；脚黑色。

【贸易类别】

标本、活体

【基因库序列】

GenBank：MN927080。BOLD：AAC4227。

⊕ 被盗猎的太平鸟标本背面（上）腹面（下）

58. 红嘴蓝鹊

【别名】

麻鸦鹊、赤尾山鸦、长尾山鹊、长尾巴练、长山鹊、山鹛

【英文名】

Red-billed blue magpie

【拉丁名】

Urocissa erythroryncha

【分类地位】

鸟纲（Aves）雀形目（Passeriformes）鸦科（Corvidae）

【保护级别】

国家"三有"

【分布】

定边县、榆林市区、陕西南部广泛分布

【鉴别特征】

体长 68cm 左右。除头顶至后颈白色以外，前额、头、颈至上胸全为黑色。初级飞羽外翈基部紫蓝色，末端白色。次级飞羽内翈、外翈均具白色端斑，外翈羽缘紫蓝色。尾长，超过翅长 2 倍；尾呈凸状。中央尾羽蓝灰色，具白色端斑；其余尾羽紫蓝色或蓝灰色，具白色端斑和黑色次端斑。下体白色。

虹膜橘红色；嘴红色；脚红色。

【贸易类别】

标本

【基因库序列】

GenBank：NC_020426。BOLD：AAW7223。

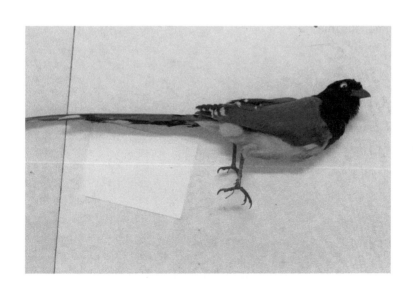

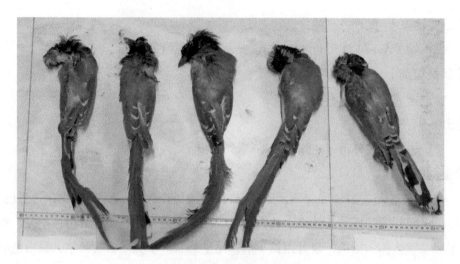

⊙ 被盗猎的红嘴蓝鹊，嘴红色

59. 喜鹊

【别名】

飞驳鸟、干鹊、客鹊、鹊

【英文名】

Common magpie

【拉丁名】

Pica pica

【分类地位】

鸟纲（Aves）雀形目（Passeriformes）鸦科（Corvidae）

【保护级别】

国家"三有"

【分布】

陕西省广泛分布

【鉴别特征】

体长 45cm 左右。头、颈、胸、背和尾上覆羽黑色；肩羽白色；翅呈亮蓝色，初级飞羽内翈具大白斑；尾羽黑色，具光泽，末端具深蓝绿色；上腹、两胁和翅下覆羽白色；下腹和覆腿羽黑色。

虹膜褐色；嘴黑色；脚黑色。

【贸易类别】

标本

【基因库序列】

GenBank：HQ915867。BOLD：AAB6100。

⊕ 被盗猎的喜鹊标本背面（上）腹面（下）

⊕ 喜鹊标本侧面

60. 虎斑地鸫

【别名】

顿鸡

【英文名】

Golden mountain thrush，Scaly thrush

【拉丁名】

Zoothera dauma

【分类地位】

鸟纲（Aves）雀形目（Passeriformes）鸫科（Turdidae）

【保护级别】

国家"三有"

【分布】

汉中市区、周至县、西乡县

【鉴别特征】

体长 28cm 左右。上体从头至尾上覆羽颜色为亮褐色，各羽均具黑色端斑和金棕黄色次端斑，使其通体布满鳞状斑纹；次级飞羽先端棕黄色，内翈基部棕白色，形成一条明显的白色带斑；颏、喉、胸和下体白色，羽端杂以黑色斑点；嘴须少而居侧面。

虹膜褐色；嘴深褐色，下嘴基部肉黄色；脚肉色。

【贸易类别】

标本

【基因库序列】

GenBank：EF515802。BOLD：AAB0979。

⊙ 虎斑地鸫标本背面（上）腹面（下）

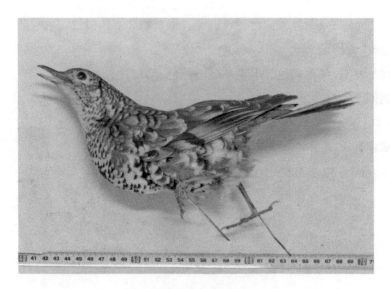

⊕ 被盗猎的虎斑地鸫标本侧面

61. 红尾斑鸫

【别名】

穿草鸡、斑点鸫、窜儿鸡

【英文名】

Naumann's thrush

【拉丁名】

Turdus naumanni

【分类地位】

鸟纲（Aves）雀形目（Passeriformes）鸫科（Turdidae）

【保护级别】

国家"三有"

【分布】

榆林市区、神木市区、汉中市区、定边县、周至县、宁陕县

【鉴别特征】

体长25cm左右。头顶、枕、后颈、肩、背、腰一直到尾上覆羽棕褐色；

颊红棕色，眼先黑色，具淡棕红色眉纹；颏、喉棕白色或栗色，胸红棕色，具白色羽缘，形成红棕色斑纹；两翅黑褐色，外翈羽缘棕白色或棕红色；尾羽棕褐色，尾羽基部棕红色，外缘黑褐色；腹白色，两胁和臀具红棕色点斑。

虹膜褐色；嘴黑色，下嘴基部黄色；腿褐色。

【贸易类别】

标本

【基因库序列】

GenBank：KJ834096。BOLD：AAC1082。

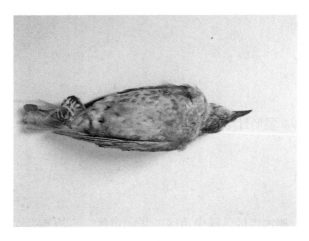

⊙ 红尾斑鸫标本背面（上）腹面（下）

⊛ 被盗猎的红尾斑鸫标本侧面

62. 斑鸫

【别名】

穿草鸡、乌斑鸫

【英文名】

Dusky thrush

【拉丁名】

Turdus eunomus

【分类地位】

鸟纲（Aves）雀形目（Passeriformes）鸫科（Turdidae）

【保护级别】

国家"三有"

【分布】

榆林市区、神木市区、汉中市区、华阴市区、定边县、周至县、宁陕县、城固县、佛坪县、山阳县、留坝县、洋县、宁强县、太白县、柞水县

【鉴别特征】

体长 25cm 左右。头顶、枕、后颈、肩、背、腰一直到尾上覆羽黑褐色，具黑色斑点。眉纹白色，脸颊、颏、喉白色，耳羽及上胸具黑色横纹。两翅黑褐色，第一枚初级飞羽内翈基部淡棕色，其余飞羽内翈、外翈均有棕栗色，形成明显棕栗色翼斑；尾羽黑褐色，除最外侧 1 对尾羽外，其余尾羽基部和羽缘棕栗色。两胁黑色，具白色羽缘。腹白色。尾下覆羽黑色，具白色鳞状斑纹。雌鸟棕色，较暗淡，斑纹同雄鸟，下胸黑色点斑较小。

虹膜褐色；嘴黑色，下嘴基部黄色；腿褐色。

与相似种红尾斑鸫的区别：红尾斑鸫整体颜色较浅，背和头棕褐色，带有棕红色，而斑鸫背黑褐色，具黑色点斑，仅双翼有些许棕栗色；红尾斑鸫胸、腰红棕色（雄鸟脸亦红棕色），两胁和臀具红棕色点斑，而斑鸫下体白色，具黑色点斑，在胸和两胁形成黑带。红尾斑鸫眉纹呈淡棕红色，而斑鸫为白色。

【贸易类别】

标本

【基因库序列】

GenBank：NC_028273。BOLD：AAC1082。

⊙ 斑鸫标本背面

⊕ 斑鸫标本腹面

63. 禾雀

【别名】

文鸟、灰文鸟、灰芙蓉

【英文名】

Java sparrow

【拉丁名】

Lonchura oryzivora

【分类地位】

鸟纲（Aves）雀形目（Passeriformes）梅花雀科（Estrildidae）

【保护级别】

CITES 附录 II

【分布】

陕西省内无分布

【鉴别特征】

体长 16cm 左右。嘴短粗，呈圆锥状；头黑色，颊有一大块显著的白色斑块，颏和上喉黑色；上体及胸灰色，下腰、尾上覆羽和尾羽黑色；腹和两胁粉红色，尾下覆羽白色。幼鸟头偏粉色，顶冠灰色，胸粉红色。

虹膜红色；嘴粉红色；脚粉红色。

【贸易类别】

标本、活体

【基因库序列】

GenBank：NC_028441。BOLD：AAK4577。

⊕ 被盗猎的禾雀

64. 棕背伯劳

【别名】

大红背伯劳、海南鹨

【英文名】

Long-tailed shrike

【拉丁名】

Lanius schach

【分类地位】

鸟纲（Aves）雀形目（Passeriformes）伯劳科（Laniidae）

【保护级别】

国家"三有"

【分布】

安康市区、太白县、周至县、留坝县、洋县、佛坪县、西乡县、镇坪县

【鉴别特征】

体长 25cm 左右。嘴强壮而侧扁,上嘴具钩与缺刻。前额黑色,贯眼纹黑色,下颊、颏、喉白色;头顶至后颈灰色;肩、背、腰和体侧棕色;两翅棕黑色,初级飞羽基部具白斑,内侧飞羽外翈羽缘棕色;尾上覆羽棕色,尾羽黑色,外侧尾羽具棕色羽缘和端斑;胸、腹白色,两胁和尾下覆羽浅棕色。幼鸟颜色较暗淡,两胁及背具横斑。

虹膜暗褐色;嘴黑色;脚黑色。

【贸易类别】

标本、活体

【基因库序列】

GenBank:NC_030604。BOLD:AAD5354。

⊕ 棕背伯劳标本

⊙ 被盗猎的棕背伯劳

65. 寿带

【别名】

　　白带子、长尾巴练、练鹊、三光鸟、绶带、一枝花、赭练鹊、紫长长尾、紫带子

【英文名】

　　Asian paradise flycatcher

【拉丁名】

　　Terpsiphone incei

【分类地位】

　　鸟纲（Aves）雀形目（Passeriformes）王鹟科（Monarchidae）

【保护级别】

　　国家"三有"

【分布】

　　华阴市区、安康市区、眉县、周至县、宁陕县、洋县、佛坪县、石泉县、

汉阴县、留坝县、宁强县、柞水县、镇坪县

【鉴别特征】

体长 22cm 左右（雄鸟体长可达 42cm）。雄鸟易辨，一对中央尾羽在尾后特形延长，可达 25cm。雄鸟有两种色型，赤褐色和白色。两种色型均具羽冠，羽冠至后颈、侧颈、喉和上胸均为蓝黑色，具金属光泽，眼圈蓝灰色。赤褐色型雄鸟上体至尾上覆羽为赤褐色，中央两枚尾羽羽干暗褐色；胸和两胁灰色，颜色向下逐渐变浅，腹和尾下覆羽白色。白色型雄鸟上体至尾上覆羽白色，具较多黑色纵纹。中央两枚尾羽羽干白色，具黑色纵纹。飞羽黑褐色，具白色羽缘，最内侧次级飞羽白色，内翈具黑色羽缘。雌鸟头与雄鸟相似，但羽冠较短，眼圈淡蓝色，上体和尾上覆羽棕褐色，中央尾羽不延长。

虹膜深褐色；嘴蓝色，嘴端黑色；脚蓝灰色。

【贸易类别】

标本

【基因库序列】

GenBank：EF422249。BOLD：ACE8046。

⊙ 寿带雌鸟，羽冠较短

66. 北红尾鸲

【别名】

穿马褂、大红燕、红尾溜、花红燕儿、灰顶茶鸲、火燕

【英文名】

Daurian redstart

【拉丁名】

Phoenicurus auroreus

【分类地位】

鸟纲（Aves）雀形目（Passeriformes）鹟科（Muscicapidae）

【保护级别】

国家"三有"

【分布】

陕西省广泛分布

【鉴别特征】

体长 15cm 左右。嘴扁平，尾呈方形，尾较长，远超过跗跖 2 倍。雌雄异色，雄鸟额、头顶至后颈、上背灰色，上额基部、眼先、颊、颏、喉、颈侧、下背黑色；两翼黑色，次级飞羽内翈、外翈具白斑，形成明显而宽大的白色翼斑。腰和尾上覆羽栗褐色，中央尾羽黑色，其余尾羽栗褐色。胸、腹等下体橙棕色。雌鸟颜色较暗淡，上体为褐色，两翼颜色略深，为黑褐色，飞羽同样具白斑。腰、尾上覆羽和尾为浅棕黄色，中央尾羽颜色略深，呈褐色；下体褐色，腹中央颜色较淡，近白色；眼圈白色。

虹膜褐色；嘴黑色；脚黑色。

【贸易类别】

标本

【基因库序列】

GenBank：NC_026066。BOLD：AAC2812。

⊙ 北红尾鸲标本背面（上）腹面（下）

67. 白鹡鸰

【别名】

白颤儿、白颊鹡鸰、白面鸟、眼纹鹡鸰

【英文名】

White wagtail

【拉丁名】

Motacilla alba

【分类地位】

鸟纲（Aves）雀形目（Passeriformes）鹡鸰科（Motacillidae）

【保护级别】

国家"三有"

【分布】

陕西省广泛分布

【鉴别特征】

体长 20cm 左右。前额、颊白色，头顶、后颈、枕和胸黑色；肩、背灰色；两翼黑色，具有白色翅斑，最长的次级飞羽接近翼端；尾细长，尾羽黑色，具白色斑纹；下体白色；后爪显著弯曲，较后趾短。不同亚种头和胸的黑色斑纹大小不同。雌鸟颜色较暗淡。成鸟全身黑色部分在幼鸟时为灰色。

虹膜黑褐色；嘴黑色；脚黑色。

【贸易类别】

标本

【基因库序列】

GenBank：NC_029229。BOLD：AAB2364。

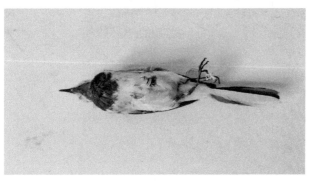

⊙ 白鹡鸰标本

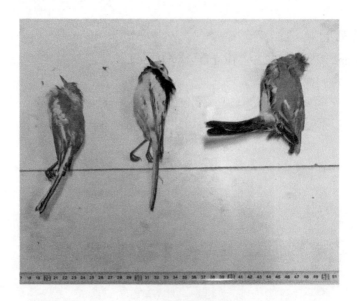

⊙ 被盗猎的白鹡鸰

68. 锡嘴雀

【别名】

蜡嘴雀、老西儿、铁嘴蜡子、厚嘴鸟

【英文名】

Hawfinch

【拉丁名】

Coccothraustes coccothraustes

【分类地位】

鸟纲（Aves）雀形目（Passeriformes）雀科（Fringillidae）

【保护级别】

国家"三有"

【分布】

榆林市区、神木市区、西安市区、华阴市区、定边县、太白县、洋县、佛坪县

【鉴别特征】

体长 18cm 左右。脖子粗壮、头圆大，嘴短粗而强厚、呈圆锥状，上嘴伸至眼眶前缘之后，下嘴的底缘几乎是水平的。眼周具狭窄的黑色眼圈，向前延伸至嘴，围绕嘴基有一个黑圈。额和喉黑色；头棕黄色，额颜色较浅，呈浅棕白色；颈两侧及后颈灰色，形成较宽的灰色斑；肩、背暗棕褐色；腰淡棕黄色、基部颜色较浅；尾上覆羽棕色向外端逐渐加深为深棕色，端部白色，外侧尾羽具黑色次端斑。初级飞羽 9 枚。翅上小覆羽黑褐色或暗灰色，中覆羽灰白色。初级飞羽和次级飞羽蓝黑色，具金属光泽，初级飞羽内翈中部具大型白斑。胸及下体红色；腹中央颜色略浅，呈浅棕红色。雌鸟与雄鸟相似，但羽毛颜色略浅，翅膀无金属光泽；幼鸟与雌鸟相似，但颜色更浅，颏、喉和下颈白色、上胸灰白色。

虹膜褐色；嘴铅蓝色，基部近白色，冬季嘴黄色；脚粉褐色。

【贸易类别】

标本

【基因库序列】

GenBank：KM078789。BOLD：AAB6022。

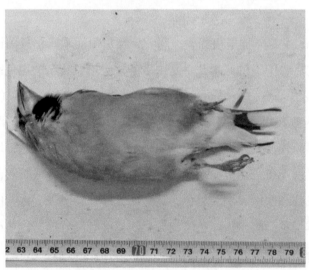

⊕ 锡嘴雀标本侧面（上）腹面（下）

69. 金翅雀

【别名】

黄弹鸟、黄楠鸟、芦花黄雀、绿雀、碛弱、谷雀

【英文名】

Oriental greenfinch，Grey-capped greenfinch

【拉丁名】

Chloris sinica

【分类地位】

鸟纲（Aves）雀形目（Passeriformes）雀科（Fringillidae）

【保护级别】

国家"三有"

【分布】

榆林市区、西安市区、华阴市区、安康市区、汉中市南郑区、眉县、周至县、太白县、石泉县、汉阴县、留坝县、洋县、佛坪县、宁强县、柞水县、西乡县、镇坪县

【鉴别特征】

体长13cm左右。具有明显的、宽阔的黄色翅斑，嘴短粗且尖直，下嘴的底缘稍向上，上下嘴的嘴缘紧接。雄鸟除眼先、眼周灰褐色外，头其余部分灰色。颈灰色；肩、背和两翅褐色，羽缘微沾黄绿色；腰金黄绿色。初级飞羽和次级飞羽黑色，尖端灰白色，初级飞羽基部黄色，形成翅斑；尾呈交叉状，中央尾羽黑褐色，尖端白色，外侧尾羽基部黄色，末端黑褐色，外翈羽缘白色。颏、喉、胸和两胁橄榄黄色，下胸和腹中央黄色，下腹灰色，尾下覆羽黄色。雌鸟和幼鸟相似，颜色较暗淡，上体具较多的暗色纵纹。

虹膜栗褐色；嘴黄褐色或肉黄色；脚淡棕黄色或淡灰白色。

【贸易类别】

标本

【基因库序列】

GenBank：NC_015196。BOLD：AAB4423。

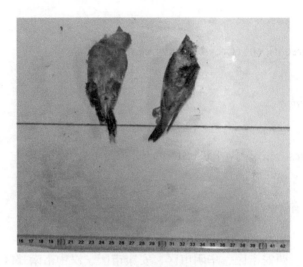

⊙ 被盗猎的金翅雀

70. 珠颈斑鸠

【别名】

　　鸪雕、花斑鸠、花脖斑鸠、珍珠鸠、珍珠鸠

【英文名】

　　Spotted dove

【拉丁名】

　　Spilopelia chinensis

【分类地位】

　　鸟纲（Aves）鸽形目（Columbiformes）鸠鸽科（Columbidae）

【保护级别】

　　国家"三有"

【分布】

　　陕西省广泛分布

【鉴别特征】

　　体长 30cm 左右。整体粉褐色。颊白色；头灰色，向颈逐渐变为粉红色，后颈和颈两侧有一个满是白点的黑色半领斑；腹灰色；飞羽深棕色，翼缘灰色，第2枚和第3枚飞羽最长。尾略显长，尾羽12枚，外侧尾羽黑色，前端具甚宽的白色端斑。雌鸟和雄鸟相似，但颜色较淡，幼鸟颈无白斑。

虹膜橘色；嘴深褐色；脚红色。

【贸易类别】

标本

【基因库序列】

GenBank：NC_026459。BOLD：AAI0031。

⊙ 被盗猎的珠颈斑鸠标本背面（上）腹面（下）

71. 山斑鸠

【别名】

斑鸠、花翼、金背斑鸠、麒麟斑、麒麟鸠

【英文名】

Oriental turtle dove

【拉丁名】

Streptopelia orientalis

【分类地位】

鸟纲（Aves）鸽形目（Columbiformes）鸠鸽科（Columbidae）

【保护级别】

国家"三有"

【分布】

陕西省秦岭浅山区

【鉴别特征】

体长 32cm 左右。前额和头顶前部蓝灰色，后颈棕灰色，左右颈侧各有一块杂以灰色或白色的黑色斑块，而不连成黑领，颈侧黑羽的斑点色暗，近灰色。上体褐色，羽缘斑呈绣红色。腰灰色。尾羽深褐色，羽端多浅灰色，外侧尾羽端部白色；下体多偏粉红色，颏、喉棕色，沾粉红色，胸颜色浅。

虹膜金黄色或橙色；嘴灰色；脚粉红色。

【贸易类别】

标本

【基因库序列】

GenBank：KY827037。BOLD：ABY5971。

⊕ 山斑鸠标本侧面

⊕ 山斑鸠标本背面

⊙ 山斑鸠标本腹面

72. 领角鸮

【别名】

黑瞪哥

【英文名】

Collared scops owl

【拉丁名】

Otus lettia

【分类地位】

鸟纲（Aves）鸮形目（Strigiformes）鸱鸮科（Strigidae）

【保护级别】

国家二级、CITES 附录 II

【分布】

安康市区、洋县、佛坪县、周至县、太白县、留坝县、宁陕县

【鉴别特征】

体长 25cm 左右。嘴短而粗壮，前端成钩状；蜡膜被硬须遮掩；两眼向前；面部圆盘暗黄色，带一些黑褐色圆斑；耳羽较长，具明显的耳羽簇；具浅沙色颈圈。上体呈斑驳状，浅黄褐色，带有黑色和浅黄色杂纹或斑点。下体白色或

浅棕色，带黑色条纹。尾下覆羽白色。覆腿羽白色，带浅褐色斑点。脚趾基部被羽。

虹膜深棕色；嘴黄色；脚污黄色。

【贸易类别】

标本

【基因库序列】

GenBank：MW364567。BOLD：AED3437。

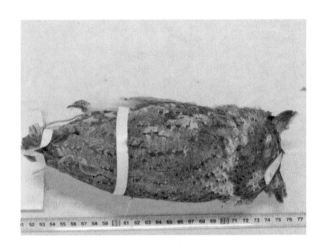

⊙ 被盗猎的领角鸮标本背面（上）腹面（下）

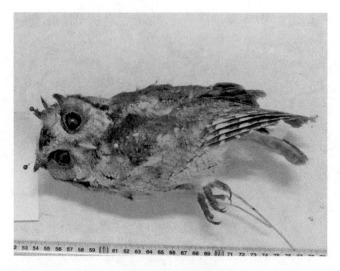

⊕ 领角鸮标本侧面

73. 红角鸮

【别名】

大头鹰、恨狐、横虎、呼侉鹰、老兔、猫头鹰、王哥哥、夜猫子、夜食鹰

【英文名】

Oriental scops owl

【拉丁名】

Otus sunia

【分类地位】

鸟纲（Aves）鸮形目（Strigiformes）鸱鸮科（Strigidae）

【保护级别】

国家二级、CITES 附录 II

【分布】

汉中市区、华阴市区、安康市区、宁陕县、镇坪县、佛坪县、宁强县、周至县、留坝县、洋县、太白县、柞水县

【鉴别特征】

　　体长 20cm 左右。嘴短而粗壮，前端成钩状，蜡膜被硬须遮掩。两眼向前；耳羽较长，具明显耳羽簇，耳羽基部棕色；面盘呈浅红褐色，密布纤细黑纹，边缘呈黑色；跗跖被羽不及趾基。根据上体颜色，分灰色型和棕栗色型两种。灰色型：眼先灰白色，杂以黑色。上体灰褐色，密布黑褐色虫蠹状细纹并杂有白色斑点；肩有较大的白色或浅黄色斑块；飞羽大部分黑褐色，外翈有白斑，翅上有白色横斑；尾羽灰褐色，具棕色横斑；下体灰褐色，具深褐色羽干纹，颜色向腹逐渐变浅为白色，尾下覆羽白色，覆腿羽灰褐色，具褐色斑纹。棕栗色型：上体和胸的羽毛颜色为棕栗色，具细微黑色纵纹，肩羽白色斑块明显；下体和两胁棕栗色，具黑色细纹，颜色向腹逐渐变浅。

　　虹膜黄色；嘴黑灰色；脚灰褐色。

【贸易类别】

　　标本

【基因库序列】

　　GenBank：MN276053。BOLD：AAC7300。

⤊ 红角鸮（灰色型）标本背面

⊙ 红角鸮（灰色型）标本腹面

74. 长耳鸮

【别名】

长耳木兔、有耳麦猫王、彪木兔、夜猫子、猫头鹰

【英文名】

Long-eared owl

【拉丁名】

Asio otus

【分类地位】

鸟纲（Aves）鸮形目（Strigiformes）鸱鸮科（Strigidae）

【保护级别】

国家二级、CITES 附录 II

【分布】

西安市区、华阴市区、安康市区、洋县、山阳县、佛坪县、太白县、宁强县、镇坪县

【鉴别特征】

体长 33～40cm。面盘明显，中部白色，杂有黑褐色，面盘两侧棕黄色而

羽干白色，羽枝松散，前额白色与褐色相间。眼内侧和上下缘具黑斑。皱领白色而羽端缀黑褐色。耳羽发达，黑褐色，位于头顶两侧，显著凸出于头上，状如两耳，羽基两侧棕色，内翈边缘有一块棕白色斑。上体棕黄色，具粗的黑褐色羽干纹，羽端两侧密，杂以褐色和白色的细纹。上背棕色较淡，向尾部逐渐变浓，羽端黑褐色斑纹多而明显。肩羽基处沾棕色，外翈近端处有棕色至棕白色圆斑。尾上覆羽棕黄色，具黑褐色细斑，尾羽基部棕黄色，端部灰褐色，具7个黑褐色横斑，在端部横斑之间还缀有黑褐色云石状细小斑点。颏白色。胸具宽阔的黑褐色羽干纹，羽端两侧缀有白斑，上腹和两胁羽干纹较细，并从羽干纹分出细枝，形成树枝状的横斑，羽端白斑亦更显著，下腹中央棕白色。跗跖和趾被羽，棕黄色。尾下覆羽棕白色，较长的尾下覆羽白色且具褐色羽干纹。

虹膜橙红色；嘴和爪暗铅色，尖端黑色。

【贸易类别】

标本

【基因库序列】

GenBank：MG916810。BOLD：AAB3805。

⊙ 长耳鸮标本

75. 纵纹腹小鸮

【别名】

小猫头鹰、小鸮、辟怪

【英文名】

Little owl

【拉丁名】

Athene noctua

【分类地位】

鸟纲（Aves）鸮形目（Strigiformes）鸱鸮科（Strigidae）

【保护级别】

国家二级、CITES 附录 Ⅱ

【分布】

西安市区、榆林市区、神木市区、华阴市区、安康市区、汉中市南郑区、周至县、宁陕县、镇巴县、定边县、宁强县、洋县、镇坪县

【鉴别特征】

体长 23cm 左右。嘴短而粗壮，前端成钩状，蜡膜被硬须遮掩；两眼向前；面盘不明显，无耳羽簇；头顶较平；眉纹白色，平直并在前额连接呈"V"形，眼先及眼周白色；耳羽具白斑。上体褐色，具白色纵纹及点斑；下体棕白色，具褐色纵纹。腹中央、两胁及尾下覆羽纯白色。两翅具较多且较大的卵圆形白斑。尾羽浅褐色，基部白色。肩有两个明显白色横斑。

虹膜亮黄色；嘴黄色；脚被羽，白色，爪黑色。

【贸易类别】

标本

【基因库序列】

GenBank：KJ862133。BOLD：AAI7967。

⊕ 纵纹腹小鸮标本

76. 鹰鸮

【别名】

青叶鸮、鸥鸮子、鸟猫王

【英文名】

Brown hawk-owl

【拉丁名】

Ninox scutulata

【分类地位】

鸟纲（Aves）鸮形目（Strigiformes）鸥鸮科（Strigidae）

【保护级别】

国家二级、CITES 附录 II

【分布】

安康市区、宁陕县、镇巴县、佛坪县、洋县、周至县、宁强县、镇坪县

【鉴别特征】

体长 30cm 左右。嘴短而粗壮，前端为钩状；两眼向前；面盘不明显，无耳羽簇；前额、嘴基、眼先白色。上体及尾上覆羽深褐色，肩羽杂有白色斑块。尾羽深褐色，具黑色横斑，尾端黑色。喉、胸、两胁及腹白色，具宽阔的红褐色纵纹。尾下覆羽白色。跗跖被羽，褐色。

虹膜黄色；嘴黑褐色；脚黄色，爪黑色。

【贸易类别】

标本

【基因库序列】

GenBank：NC_029384。BOLD：ABZ7182。

⊙ 鹰鸮标本背面

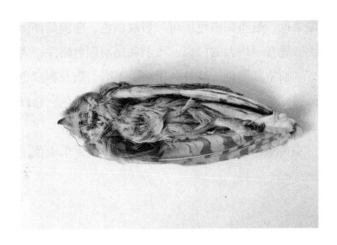

⊕ 鹰鸮标本腹面

77. 斑头鸺鹠

【别名】

流离

【英文名】

Asian barred owlet

【拉丁名】

Glaucidium cuculoides

【分类地位】

鸟纲（Aves）鸮形目（Strigiformes）鸱鸮科（Strigidae）

【保护级别】

国家二级、CITES 附录Ⅱ

【分布】

汉中市区、华阴市区、安康市区、汉阴县、西乡县、宁陕县、镇巴县、平利县、周至县、城固县、洋县、佛坪县、山阳县、丹凤县、太白县、宁强县、石泉县、留坝县、柞水县

【鉴别特征】

体长 24cm 左右。嘴短而粗壮，前端为钩状。两眼向前。面盘不明显，无

耳羽簇。上体棕栗色，遍布棕白色横斑。眉纹白色，向前延伸至眼先。颏有一条明显白色细纹。肩有一块大的白斑。飞羽和尾羽颜色略深，为黑褐色，都有明显的白色横斑。喉中部褐色，具黄色横斑。下喉、胸及腹白色，从下胸至腹具褐色纵纹。两胁棕栗色。尾下覆羽白色。跗跖被羽白色，杂以褐斑。幼鸟全身的横斑较少或仅有少许淡色斑点。

虹膜黄色；嘴黄绿色，基部颜色较深；脚黄绿色，爪黑色。

【贸易类别】

标本

【基因库序列】

GenBank：NC_034296。BOLD：AAY0787。

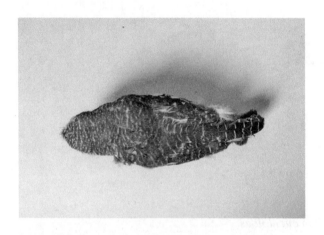

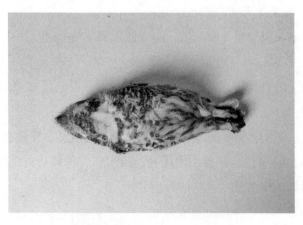

⊕ 斑头鸺鹠标本背面（上）腹面（下）

78. 领鸺鹠

【别名】

小鸺鹠

【英文名】

Collared owlet

【拉丁名】

Glaucidium brodiei

【分类地位】

鸟纲（Aves）鸮形目（Strigiformes）鸱鸮科（Strigidae）

【保护级别】

国家二级、CITES 附录 Ⅱ

【分布】

周至县、留坝县、洋县、佛坪县、太白县

【鉴别特征】

体长 15cm 左右。面盘不明显，没有耳羽簇。上体灰褐色，具狭长的浅橙黄色横斑。眼先及眉纹白色，眼先羽干末端具黑色须状羽。前额、头顶和头侧有细密的白色斑点，后颈有显著的棕黄色或皮黄色领圈，其两侧各有一条黑色斑纹。肩羽外翈有大的白色斑点，形成 2 个显著的白色肩斑，其余上体、两翅覆羽暗褐色，具棕色横斑。飞羽黑褐色，除第一枚初级飞羽外，外翈均具棕红色斑点。尾上覆羽褐色，有白色横斑及斑点，尾暗褐色具 6 个浅黄白色横斑和羽端斑。颊白色，向后延伸至耳羽后方。颏、喉白色，喉具一条细的栗褐色横带，其余下体白色。尾下覆羽白色。覆腿羽褐色，具少量白色细横斑。跗跖被羽。

虹膜鲜黄色；嘴和脚黄绿色，爪角褐色。

【贸易类别】

标本

【基因库序列】

GenBank：KP684122。BOLD：ADW9107。

⊛ 领鸺鹠标本背面（上）腹面（下）

79. 三宝鸟

【别名】

东方宽嘴转鸟、佛法僧、阔嘴鸟、老鸹翠、铁鳞甲

【英文名】

Dollarbird

【拉丁名】

Eurystomus orientalis

【分类地位】

鸟纲（Aves）佛法僧目（Coraciiformes）佛法僧科（Coraciidae）

【保护级别】

国家"三有"

【分布】

陕西省秦岭地区广泛分布

【鉴别特征】

体长30cm左右。头大而嘴短，嘴粗厚而直；头至颈黑褐色，后颈、上背、肩、下背和腰暗灰蓝色，喉亮蓝色，具光泽；仅有10枚飞羽，翅形长圆；两翅亮灰蓝色；初级飞羽黑褐色，基部具一个宽的亮蓝色圆圈状斑；次级飞羽黑褐色，外翈深蓝色，具光泽；尾黑色，基部暗灰蓝色；下胸和腹蓝绿色；尾脂腺裸出。幼鸟与成鸟相似，颜色较暗淡，喉无亮蓝色。

虹膜褐色；嘴珊瑚红色，上嘴前端黑色，幼鸟嘴为黑色；脚朱红色。

【贸易类别】

标本

【基因库序列】

GenBank：NC_011716。BOLD：AAE6472。

⊛ 三宝鸟标本背面（上）腹面（下）

⊕ 三宝鸟标本侧面，初级飞羽基部有一块亮蓝色斑

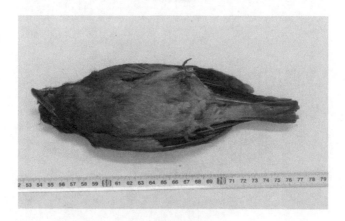

⊕ 被盗猎的三宝鸟

80. 栗喉蜂虎

【别名】

红喉吃蜂鸟

【英文名】

Blue-tailed bee-eater

【拉丁名】

Merops philippinus

【分类地位】

鸟纲（Aves）佛法僧目（Coraiciformes）蜂虎科（Meropidae）

【保护级别】

国家二级

【分布】

陕西省内无分布

【鉴别特征】

体长 30cm 左右。嘴细长而下部弯曲；黑色的贯眼纹上下均有一条狭形蓝绿色条纹；头顶至上背绿色，腰和尾上覆羽鲜蓝色，尾蓝绿色，中央尾羽延长形成狭形羽端，凸出部分尖端黑色；翅上覆羽、初级飞羽和外侧次级飞羽铜绿色，尖端黑色，翅底面呈橙黄色；颊和颏黄色，喉栗色；下胸、腹大部分草绿色，下腹至尾下覆羽淡蓝色；尾脂腺裸出，尾羽 12 枚。幼鸟整体羽毛缺乏光泽，喉栗色较淡，中央尾羽未延长。

虹膜红色；嘴黑色；脚黑褐色。

【贸易类别】

标本

【基因库序列】

GenBank：MH217844。BOLD：AEB3089。

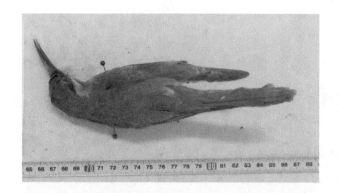

⊙ 栗喉蜂虎标本背面（上）腹面（下）

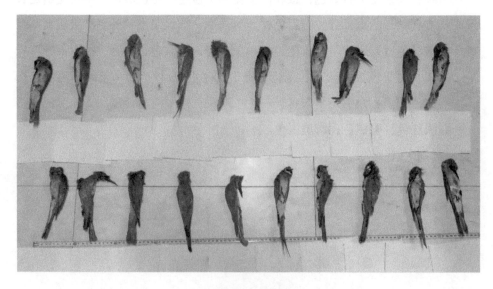

⊙ 被盗猎的栗喉蜂虎

81. 普通翠鸟

【别名】

翠碧鸟、翠雀儿、钓鱼郎、金鸟仔、水狗、天狗、小翠鱼狗、小鱼狗、鱼翠、鱼狗、鱼虎

【英文名】

Common kingfisher

【拉丁名】

Alcedo atthis

【分类地位】

鸟纲（Aves）佛法僧目（Coraiciformes）翠鸟科（Alcedinidae）

【保护级别】

国家"三有"

【分布】

陕西省汉江流域、渭河流域均有分布

【鉴别特征】

体长 15cm 左右。嘴粗厚而直，嘴上无盔突。上体浅蓝绿色，具翠蓝色细窄横纹。眼先和贯眼纹黑褐色，耳羽锈红色，颈两侧有白斑。背至尾上覆羽浅蓝绿色，具金属光泽。仅有 11 枚飞羽，翅形尖长，第一枚初级飞羽黑褐色，其余飞羽黑褐色而外缘呈暗蓝色。喉白色，胸至下体橙棕色，尾脂腺被羽。尾短。幼鸟颜色较黯淡，具深色胸带，腹中央污白色。

虹膜褐色；嘴黑色，雌鸟下颚橘黄色；脚红色。

【贸易类别】

标本

【基因库序列】

GenBank：NC_035868。BOLD：ADW3733。

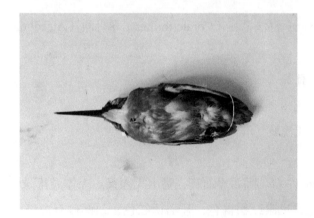

⊙ 普通翠鸟标本

⊕ 被盗猎的普通翠鸟背面（上）腹面（下）

82. 蓝翡翠

【别名】

黑顶翠鸟、黑帽鱼狗、蓝翠毛、蓝袍鱼狗、秦椒嘴、喜鹊翠、蓝鱼狗

【英文名】

Black-capped kingfisher

【拉丁名】

Halcyon pileata

【分类地位】

鸟纲（Aves）佛法僧目（Coraiciformes）翠鸟科（Alcedinidae）

【保护级别】

国家"三有"

【分布】

榆林市区、安康市区、华阴市区、汉中市南郑区、太白县、石泉县、宁陕县、城固县、柞水县、镇安县、周至县、佛坪县、山阳县、宁强县、洋县、镇坪县

【鉴别特征】

体长 30cm 左右。嘴粗厚而直。头顶黑色，颏、前胸向后延伸至后颈白色，形成一个宽阔的白色领环；翅上覆羽黑色，其余上体为华丽的蓝紫色，具金属光泽。初级飞羽基部白色，形成一个白色大块翼斑；胸以下至腹、两胁及臀浅棕色。

虹膜深褐色；嘴珊瑚红色；脚红色。

【贸易类别】

标本

【基因库序列】

GenBank：NC_024198。BOLD：ACA1388。

⊕ 蓝翡翠标本背面

⊕ 蓝翡翠标本腹面

⊕ 蓝翡翠标本侧面

⊕ 被盗猎的蓝翡翠

83. 普通夜鹰

【别名】

蚊母鸟、贴树皮、鬼鸟、夜燕

【英文名】

Indian jungle nightjar

【拉丁名】

Caprimulgus indicus

【分类地位】

鸟纲（Aves）夜鹰目（Caprimulgiformes）夜鹰科（Caprimulgidae）

【保护级别】

国家"三有"

【分布】

榆林市区、太白县、宁陕县、佛坪县、西乡县、略阳县、城固县、洋县、

周至县、宁强县、柞水县、镇坪县

【鉴别特征】

　　体长 28cm 左右。全身布满黑褐色和灰白色虫蠹纹。上体灰褐色。胸灰褐色。两翅覆羽和飞羽上具棕红色眼状斑。初级飞羽内翈中部具一块白斑。颏、喉黑褐色，下喉具一块大白斑。腹、两胁及尾下覆羽红棕色，具黑褐色横斑。四对最外侧尾羽黑色，具白色端斑。口盖为裂腭型。尾脂腺裸出。嘴短小。鼻孔呈管状。嘴须发达。中爪具栉缘。雌鸟与雄鸟相似，但雄鸟的白色斑块在雌鸟上呈皮黄色。

　　虹膜褐色；嘴黑色；脚肉褐色。

【贸易类别】

　　标本

【基因库序列】

　　GenBank：NC_025773。BOLD：AAD2309。

⊕ 普通夜鹰标本正面

⊙ 普通夜鹰标本背面（上）腹面（下）

84.戴胜

【别名】

胡哱哱、花蒲扇、山和尚、鸡冠鸟、臭姑鸪

【英文名】

Eurasian hoopoe，Common hoopoe

【拉丁名】

Upupa epops

【分类地位】

鸟纲（Aves）犀鸟目（Bucerotiformes）戴胜科（Upupidae）

【保护级别】

国家"三有"

【分布】

陕西省广泛分布

【鉴别特征】

体长 30cm 左右。嘴细长而下曲；头、颈、胸、肩淡棕栗色，胸沾粉色；头具丝状冠羽，冠羽颜色与头颜色相似，但略深，尖端黑色，具白色次端斑；下背黑褐色，杂以较宽的棕白横斑；腰白色；两翅及尾上覆羽具黑白相间的条纹；胸和两胁向后至腹颜色逐渐变浅为白色，杂有褐色纵纹；尾下覆羽白色；尾羽 10 枚，尾脂腺被羽。幼鸟整体颜色较淡，下体呈浅褐色。

虹膜褐色；嘴黑色，基部淡肉色；脚铅色。

【贸易类别】

标本

【基因库序列】

GenBank：NC_028178。BOLD：AAC5391。

↑ 戴胜标本背面

⊙ 戴胜标本腹面

⊙ 被盗猎的戴胜

85. 小䴙䴘

【别名】

水葫芦、油鸭、油葫芦、刁鸭、水皮溜、小艄板儿、小子钻

【英文名】

Little grebe

【拉丁名】

Tachybaptus ruficollis

【分类地位】

鸟纲（Aves）䴙䴘目（Podicipediformes）䴙䴘科（Podicipedidae）

【保护级别】

国家"三有"

【分布】

陕西省南部、渭河流域、榆林市区、神木市区

【鉴别特征】

体长 30cm 左右。冬季、夏季毛色不同，冬季颜色较夏季颜色浅。冬季上体灰褐色，下体白色。颏、喉白色。颈两侧及前颈浅黄色。前胸和两胁淡棕色。尾羽白色。夏季从前额、后颈至两翅深灰褐色；眼先、颊、颏和上喉黑色；颈两侧及前颈栗色；上胸深灰褐色；两胁灰褐色；下胸和腹灰白色；尾短，呈绒毛状，棕色、褐色、白色相间。跗跖后缘的鳞片为三角形，前趾各具瓣蹼。幼鸟颈两侧无栗色斑块，体色较浅，具淡褐色斑纹。

虹膜黄色；夏季嘴黑色，前端黄白色，嘴基明显的米黄色，冬季嘴土黄色；脚蓝灰色。

【贸易类别】

标本

【基因库序列】

GenBank：NC_024594。BOLD：AAD9361。

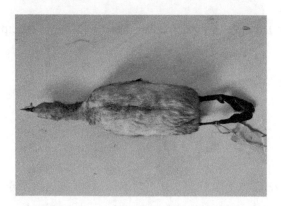

⊙ 小鹛䴘标本

⊕ 被盗猎的小鸊鷉

第三节　爬行纲和两栖纲

一、爬行纲和两栖纲鉴定指标相关名词

盾片：龟甲的外层，由表皮形成的角质板。描述特征为形态、数目、排列方式，可鉴定至属、种。

颈盾：椎盾前方嵌入左右缘盾间的一枚小盾片。

肋盾：椎盾两侧的宽大盾片，通常左右各 4 枚。

缘盾：肋盾外缘、背甲边缘的小盾片。

吻鳞：位于吻端正中的鳞片。吻鳞下缘有一个缺凹，口闭合时，舌可由此伸出（蛇类）。蜥蜴类吻鳞为单片大鳞。描述特征为形态，可鉴定至种。

上唇鳞：位于吻鳞的外后方上颌缘的鳞片，数目和是否入眶为种鉴定特征（蛇类）。吻鳞之后沿上唇缘排列的鳞片（蜥蜴类）。描述特征为数目，可鉴定至属、种。

眶上鳞：眼眶上缘、额鳞两侧较大的鳞片。描述特征为形态、度量，可鉴定至种。

眶前鳞：为眼眶前缘的一枚至数枚鳞片。描述特征为数目，可鉴定至属、种。

眶后鳞：位于眼眶后缘的一枚至数枚鳞片。描述特征为数目，可鉴定至种。

颞鳞：位于眶后鳞后方、顶鳞与上唇鳞之间的鳞片。描述特征为形态、数目，可鉴定至种。

腹鳞：腹面正中的一行宽大的鳞片，向后直达肛鳞前。描述特征为形态、数目，可鉴定至科、属。

肛鳞：覆盖在肛孔之外，纵分为二或完整的一片。描述特征为数目，可鉴定至种。

鬣鳞：颈、背中央、呈纵行竖立的侧扁的鳞片。描述特征为有无，可鉴定至科、属。

粒鳞：鳞小而略圆，平铺排列。描述特征为位置、形态，可鉴定至科、属、种。

疣鳞：介于粒鳞间的疣状小鳞。描述特征为位置、形态，可鉴定至科、属、种。

二、爬行类和两栖类形态鉴别

1. 蟒蛇（缅甸蟒）

【别名】

南蛇、琴蛇、双带蚺、蚺

【英文名】

Burmese python

【拉丁名】

Python bivittatus

【分类地位】

爬行纲（Reptilia）有鳞目（Squamata）蟒科（Boidae）

【保护级别】

国家二级、CITES 附录 I

【分布】

陕西省内无分布

【鉴别特征】

体长 3 ～ 7m，体重一般 40 ～ 70kg。头小，略呈等腰三角形。吻端略扁，眼较小。头背有对称大鳞和黄褐色箭头状色斑。颊、颞为小鳞。吻鳞及第 1、2 枚上唇鳞具唇窝。背鳞较小，光滑，体侧及体背从颈至尾有边缘黑色、中央浅色、形似云豹状的大斑纹。体腹面淡黄色，喉下黄白色。泄殖腔两侧有退化的后肢残余。颈部鳞 56 ～ 64 行，体中部鳞 64 ～ 72 行，肛前 40 ～ 44 行，腹鳞 255 ～ 263 枚，尾下鳞 63 ～ 70 对。

【贸易类别】

标本、活体

【基因库序列】

GenBank：JX401129。BOLD：ADC5036。

⊛ 缅甸蟒身上有形似云豹状的大斑纹

⊛ 头背有黄褐色箭头状色斑

2. 舟山眼镜蛇

【别名】

饭铲头、膨颈蛇、中华眼镜蛇

【英文名】

Chinese cobra

【拉丁名】

Naja atra

【分类地位】

爬行纲（Reptilia）有鳞目（Squamata）眼镜蛇科（Elapidae）

【保护级别】

国家"三有"、CITES 附录 II

【分布】

陕西省内无分布

【鉴别特征】

体长 1.5～2m，体重一般 2～3kg，体粗壮。头椭圆形。颈具前沟牙。背面黑褐色、黑灰色或米黄色。颈背有白眼镜框架状斑纹（双圈或其各种式变）。通身有白色细环状纹。腹面前段黄白色，颈腹有一条黑褐色宽横带斑，带斑前方有两个黑点，中段以后逐渐变为灰褐色。上唇鳞 7 枚（2-2-3 式），第 3 枚最大；无颊鳞；眶前鳞 1 枚；眶后鳞 2 枚；颞鳞 2 枚 +3 枚；背鳞 21（23，25，27）-21（19）-15 行，平滑无棱；腹鳞 160～196 枚；肛鳞完整或二分；尾下鳞 38～53 对。

【贸易类别】

标本、活体

【基因库序列】

GenBank：NC_011389。BOLD：AAF7608。

⊙ 舟山眼镜蛇体形中等偏大

⊙ 颈背有白眼镜框架状斑纹，通身有白色细环状纹

3. 王锦蛇

【别名】

菜花蛇、大王蛇、锦蛇、黄蟒蛇、王蟒蛇、油菜花、臭黄蟒、王蛇、棱锦蛇、王字头、臭青公

【英文名】

Stink rat snake

【拉丁名】

Elaphe carinata

【分类地位】

爬行纲（Reptilia）有鳞目（Squamata）游蛇科（Colubridae）

【保护级别】

国家"三有"、陕西省省级

【分布】

安康市区、华阴市区、周至县、太白县、洛南县、商南县、山阳县、柞水县、佛坪县、宁陕县、石泉县、洋县、镇巴县、宁强县、紫阳县、平利县

【鉴别特征】

体长 2m 左右，体重一般 5 ～ 10kg，体粗壮。头较扁，呈椭圆形；头背棕黄色，头背鳞缝黑色，形成"王"字斑纹；体背面鳞片中央黄色、边缘黑色，似菜花，躯干前半部有黄色或黄绿色横斜纹，体后部斜纹消失；腹面黄色，腹鳞后缘有黑斑。头背面有对称大鳞，顶部无小鳞；颊鳞 1 枚；眶前鳞 1（2，3）枚；眶后鳞 2（3）枚；颞鳞 2（3，1）枚 +3（2，4）枚；上唇鳞 8（3-2-3 式）枚；背鳞 23（21，24，25）-23（21）-19（17，18，20）行，除最外侧 1 ～ 2 行光滑外，其余有强棱；雄性腹鳞 217 ～ 221 枚，雌性 218 ～ 224 枚；雄性尾下鳞 77 ～ 83 对，雌性 42 ～ 84 对；肛鳞二分。

【贸易类别】

标本、活体

【基因库序列】

GenBank：KU180459。BOLD：AEK6153。

⊕ 躯干前半部有黄色或黄绿色横斜纹，体后部斜纹消失

⊕ 头背面有对称大鳞，有呈"王"字的斑纹

4. 乌梢蛇

【别名】

墨蛇、乌蛇、青蛇、乌风蛇、乌梢鞭、乌药蛇、黑乌蛇、黑花蛇、水律蛇、剑脊蛇、一溜黑、黄风蛇、过山刀

【英文名】

Black-striped rat snake

【拉丁名】

Ptyas dhumnades

【分类地位】

爬行纲（Reptilia）有鳞目（Squamata）游蛇科（Colubridae）

【保护级别】

国家"三有"

【分布】

周至县、眉县、太白县、洛南县、商南县、柞水县、佛坪县、宁陕县、留

坝县、石泉县、洋县、宁强县、紫阳县、平利县

【鉴别特征】

体长 2.5m 左右，体重一般 1.5 ～ 2kg，体形较大，一般雌蛇较短。头较小且长，呈椭圆形，与颈区分明显。眼睛大，瞳孔呈圆形。头无斑纹。体背面绿褐色、棕褐色、灰褐色或黑褐色。背脊两侧自颈至尾各有一条黑色纵纹，背脊中央有棕色或黄褐色纵纹。上唇及喉淡黄色。腹面灰白色，由前向后颜色逐渐加深，后半部呈青灰色。鼻间鳞为前额鳞长的 2/3，后有两枚稍大的鳞片。上唇鳞 8 枚（3-2-3 式），其中 4、5 枚入眼；颊鳞 1 枚；眶前鳞 1 枚；颞鳞 2 枚 +2 枚；背鳞 16-16-14 行，中央 2 ～ 4 行起为强棱；雄性腹鳞 192 ～ 204 枚，雌性 191 ～ 205 枚；雄性尾下鳞 95 ～ 137 对，雌性 98 ～ 131 对；肛鳞二分。

【贸易类别】

标本、活体、肉

【基因库序列】

GenBank：NC_028049。BOLD：ACH2449。

⊕ 背脊两侧自颈至尾各有一条黑色纵纹

5. 平胸龟

【别名】

鹰嘴龟，大头平胸龟，鹰龟、大头扁龟

【英文名】

Big-headed turtle

【拉丁名】

Platysternon megacephalum

【分类地位】

爬行纲（Reptilia）龟鳖目（Testudines）平胸龟科（Platysternidae）

【保护级别】

国家二级（仅限野外种群）、CITES 附录 I

【分布】

陕西省内无分布

【鉴别特征】

龟壳扁平。头宽大，不能缩入壳内。头背为一枚完整的盾片。上、下颚弯曲似鹰嘴。背甲呈长椭圆形，前缘中央微凹，后缘圆，具中央嵴棱。腹甲呈橄榄色，近似长方形，前缘平，后缘中央凹入。背甲与腹甲之间有下缘盾。四肢强，被有覆瓦状鳞片，指（趾）间具蹼。尾长，几乎与背甲等长，被环状鳞。四肢与尾均不能缩入壳内。头、背甲、四肢及尾背为棕黄色、暗褐色或栗色，有深色虫蚀纹。

【贸易类别】

标本、活体

【基因库序列】

GenBank：DQ016387。BOLD：AAH9206。

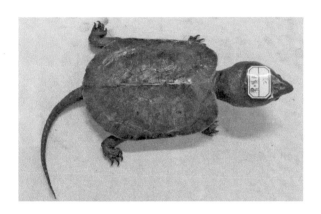

⊕ 平胸龟背面（上）腹面（下）

⊕ 平胸龟上、下颚弯曲似鹰嘴

6. 绿鬣蜥

【别名】

美洲鬣蜥、美洲绿鬣蜥

【英文名】

Common green iguana

【拉丁名】

Iguana iguana

【分类地位】

爬行纲（Reptilia）有鳞目（Squamata）美洲鬣蜥科（Iguaniddae）

【保护级别】

CITES 附录 Ⅱ

【分布】

陕西省内无分布

【鉴别特征】

大型蜥蜴，体长可达 2m，体重 4～6kg。通体被鳞，背部中央具发达的梳齿状鬣鳞。头较窄。吻短圆。耳孔下方有一个巨大的圆形鳞片。头的鳞片比其他部位的鳞片大且更不规则。体被覆细鳞。喉下方有可扩张的喉袋。尾细长，有深褐色环状条纹。指（趾）细长，端部具爪。幼体一般呈绿色，成体呈深绿色、棕色、浅蓝色或绿松石色。

【贸易类别】

标本、活体

【基因库序列】

GenBank：NC_002793。BOLD：ADC8389。

⊕ 绿鬣蜥背面（上）腹面（下）

⊕ 绿鬣蜥喉下方有可扩张的喉袋

7. 大壁虎

【别名】

蛤蚧、仙蟾、多格、哈蟹、蛤蚧蛇、大守宫

【英文名】

Tokay gecko

【拉丁名】

Gekko gecko

【分类地位】

爬行纲（Reptilia）有鳞目（Squamata）壁虎科（Gekkonidae）

【保护级别】

国家二级、CITES 附录 Ⅱ

【分布】

陕西省内无分布

【鉴别特征】

体长 20 ～ 30cm。尾与头长度基本相当。背腹面略扁。头大略呈三角形。皮肤粗糙，全身有细小粒鳞，其间杂有较大的疣鳞，缀成纵行。背面深灰色或青黑色。全身密布橘黄色、砖红色及灰白色斑点。尾有白色横纹。腹面肉色，有橘黄色斑点。指（趾）扁平，端部扩张，其下方皮肤具单行褶襞。除第 1 指（趾）外，均具小爪。指（趾）间具微蹼。

【贸易类别】

死体、活体、干制品

【基因库序列】

GenBank：AY282753。BOLD：AAE6407。

⊙ 大壁虎皮肤粗糙，全身有细小粒鳞

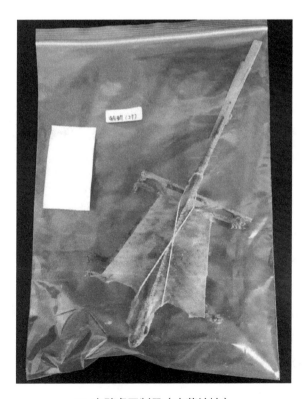

⊙ 大壁虎干制品（中药蛤蚧）

8. 鳄

【别名】

鳄鱼

【英文名】

Crocodile

【拉丁名】

Crocodylia spp.

【分类地位】

爬行纲（Reptilia）鳄目（Crocodylia）鼍科（Alligatoridae）/ 鳄科（Crocodylidae）/ 食鱼鳄科（Gavialidae）

【保护级别】

CITES 附录 Ⅰ / Ⅱ

【分布】

陕西省内无分布

【鉴别特征】

体形大，呈流线型。头、颈、躯干、尾和四肢区分明显，头及躯干背腹面扁平。皮厚，皮肤背腹面具拼贴样规则纹路，并纵横排列，体背有骨质板。尾扁，尾鳞为齿状。吻突出，鼻孔开口于吻端背面，并有瓣膜，可开关。四肢较短，足 5 指（趾），指（趾）间有蹼。泄殖腔孔纵裂。

鳄目三个科嘴形变化较大，可据此区分；其次靠齿式、颈盾、枕叶区分。鼍科嘴形呈"U"字形，颈盾从脑后连续不断地延伸至背。鳄科吻部呈"V"字形，脑后没有盾片，颈盾与背盾断开不连续，四齿外露或六齿外露。食鱼鳄科吻极长，上下齿规律交错。

常见非法贸易、养殖的鳄目动物有：

扬子鳄，*Alligator sinensis*，鼍科（中国特有，国家一级，CITES 附录 Ⅰ）。

暹罗鳄，*Crocodylus siamensis*，鳄科（CITES 附录 Ⅰ）。

侏儒鳄，*Osteolaemus tetraspis*，鳄科（CITES 附录 Ⅱ）。

【贸易类别】

标本、活体、肉

【基因库序列】

扬子鳄　GenBank：NC_004448。BOLD：ADC6229。

暹罗鳄　GenBank：NC_008795。BOLD：AAE9428。

侏儒鳄　GenBank：NC_009728。BOLD：AAA8319。

⊛ 扬子鳄

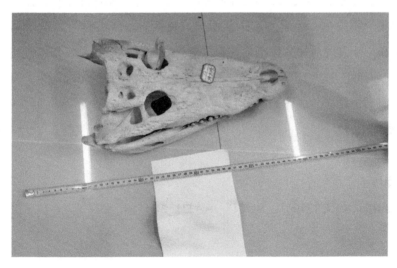

⊛ 鳄鱼头骨（标本和肉的物种鉴定应送交专业机构）

9. 大鲵

【别名】

娃娃鱼、人鱼、孩儿鱼、脚鱼、啼鱼、腊狗

【英文名】

Chinese giant salamander

【拉丁名】

Andrias davidianus

【分类地位】

两栖纲（Amphibia）有尾目（Caudata）隐鳃鲵科（Cryptobranchidae）

【保护级别】

国家二级（仅限野生种群）、CITES 附录 I

【分布】

渭南市区、汉中市区、安康市区、华阴市区、太白县、商南县、柞水县、佛坪县、丹凤县、洋县、宁强县、岚皋县

【鉴别特征】

体形较大，一般体长 60～80cm，体重 5～6kg。头大、宽阔且扁平；躯干亦扁平；尾扁，尾长约为头长的一半。嘴宽大，吻端圆。外鼻孔小、近吻端。眼小，不发达，无眼睑。颈褶明显。体两侧皮肤有显著且宽厚的纵向褶皱。头和体侧有成对排列的圆形疣粒。四肢短粗，后肢略长。指、趾扁平，前肢 4 指，后肢 5 趾，具微蹼。体表光滑无鳞，具黏膜。背多棕褐色，具黑色斑块，腹面颜色较淡。成体无鳃。

【贸易类别】

死体、活体、肉

【基因库序列】

GenBank：KU131061。BOLD：AAJ2152。

⊕ 大鲵背有黑色斑块

第四节　鱼纲

一、鱼纲鉴定指标相关名词

吻：头部最前端到眼的前缘的部分。

眼间：两眼间最短的距离。

颊：眼的后下方到前鳃盖骨后缘的部分。

脂鳍：鲑形目和鲇形目的绝大多数种类在背鳍的后方有一个肉片状凸起，通常内无鳍条，充满疏松的结缔组织和脂肪组织。

鳍：有偶鳍和奇鳍两种，由支鳍骨和鳍条组成，可分为角质鳍条和鳞质鳍条，其中鳞质鳍条又分为软条（分支鳍条和不分支鳍条）和棘（真棘和假棘）。

角质鳍条：软骨鱼类具有的不分支、不分节的鳍条。

棘：鳞质鳍条的一种，强大坚硬，不分支、不分节。

假棘：两鳍条骨化而成，水煮可分为左右两半，只见于鲤科鱼类。

二、鱼纲形态鉴别

1. 秦岭细鳞鲑

【别名】

花鱼、梅花鱼、金板鱼、闾花鱼、五色鱼、闾鱼

【英文名】

Qinling lenok

【拉丁名】

Brachymystax lenok

【分类地位】

硬骨鱼纲（Osteichthyes）鲑形目（Salmoniformes）鲑科（Salmonidae）

【保护级别】

国家二级（仅限野生种群）

【分布】

略阳县、宁强县、留坝县、城固县、洋县、佛坪县、宁陕县、西安市鄠邑区、周至县、太白县、眉县、镇坪县、平利县、陇县

【鉴别特征】

体长 17 ～ 45cm，体重 0.5 ～ 1.5kg。体呈长纺锤形，侧扁。上颌骨后伸达眼中央下方，下颌较上颌短。舌齿约 10 枚。眼大，距吻端较近，眼间较宽。腮孔大，向前达眼中央下方；腮膜不和颊相连。鳞细小，侧线完全、平直。背鳍外缘倾斜，微凹；脂鳍与臀鳍相对；腹鳍位于背鳍下方，末端不到肛门，鳍基部具 1 枚长腋鳞；尾鳍呈叉状。体背暗褐色，颜色从体背向腹逐渐变浅至白色。体背及两侧有较宽的椭圆形暗色和淡红色纵斑；体侧和背鳍上缀有圆形黑斑，斑缘白色。背鳍、脂鳍和尾鳍红褐色，腹鳍棕色。

【贸易类别】

死体、活体、肉

【基因库序列】

GenBank：NC_018341。BOLD：AAW7706。

⊙ 被盗猎的秦岭细鳞鲑，体侧有圆形黑斑，斑缘白色

2. 海马

【别名】

龙落子鱼、马头鱼、水马

【英文名】

Seahorses

【拉丁名】

Hippocampus spp.

【分类地位】

硬骨鱼纲（Osteichthyes）海龙目（Syngnathiformes）海龙科（Syngnathidae）

【保护级别】

国家二级（仅限野生种群）、CITES 附录 II

【分布】

陕西省内无分布

【鉴别特征】

体长 5～30cm。头侧扁，头顶具突出冠，冠端具小棘。头弯曲，与身体角度近直角。头两侧各有两个鼻孔。嘴呈细长的管状，无法张开。胸腹凸出。躯干部由 10～20 节骨环组成。尾细长，呈四棱形，尾端细尖，常呈卷曲状；有无刺的背鳍，无腹鳍和尾鳍。

海马干制品鉴别：干制海马表面呈淡黄白色、黄色或黑褐色，略有光泽；全身均为骨质硬壳，体上有瓦楞形的节纹，并具短棘；骨质坚硬，不易折断；气微腥，味微咸。干制海马物种鉴定应送交至专业机构。

【贸易类别】

死体、活体、干制品

【基因库序列】

GenBank：NC_035827。BOLD：ADW7743。

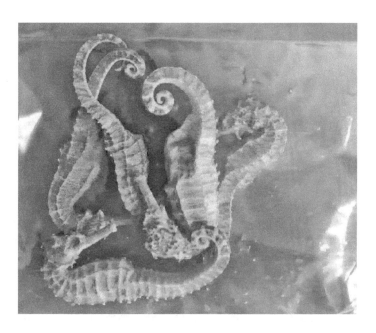

⬆ 海马干制品

第二章

微 观 鉴 定 方 法

在进行野生动物及其制品鉴定中，经常会遇到以下现象：①动物或其制品进行了物理处理，导致动物原有的形态特征模糊甚至不复存在；②走私物品是野生动物的器官、组织、肌肉、骨骼、毛皮或者分泌物，不能直接从外观鉴定；③有些动物处于幼体状态，不能分辨出种类；④动物骨骼、爪、角、皮等使用了化学方法进行处理，加入了其他成分，制成的工艺品、装饰品、中药材、保健品等不能区分真假或鉴定种类。常见的微观鉴定方法有显微鉴定、理化鉴定和分子鉴定。

第一节　显微鉴定

显微鉴定主要是借助仪器设备将宏观不易看清的或肉眼不能看到的微观形态展现出来，利用显微结构或亚显微形态对检材进行区分以达到物种鉴定的目的。以下简介不同仪器设备适用场合和依据。

一、电子显微镜

电子显微镜常用于鸟羽、动物角、蛇鳞片、野生动物中药材等的物种鉴定。在鸟羽鉴定中它能够帮助详细绘制鸟类羽片以及羽小枝的超微结构。不同属种的鸟的正羽、绒羽、毛羽的羽小枝的节长度、节直径、节形态、节密度以及节内色素分布都存在显著差异，可以用于鸟类属种的鉴定。但是雏鸟羽毛未完全发育，鸟羽羽枝容易出现无节或者节不明显的现象，在鉴定时还需要利用其他方法进行鉴定。

根据毛发各部分的鳞片形态、髓质形态、毛不同部位的横断面形态和髓质横断面形态等形态和数值指标，可对动物毛发、毛皮制品等进行鉴定。

根据角横切面的绒毛、乳头层、裂隙、表皮层、网状层、骨小梁、真皮层等的不同显微结构特征，对梅花鹿、马鹿、坡鹿、白唇鹿、驯鹿、麋鹿、狍等鹿科动物角及制品进行鉴定。根据角横切面的角质细胞、皮层组织、髓细胞、骨膜、骨板、不规则碎块等的显微结构特征，对羚羊角、黄羊角、羚牛角等牛科、羊科动物角及制品进行鉴定。

根据蛇背鳞、腹鳞显微结构中鳞棱、沟纹特征，刺状、圆锥状、条索状、钟乳状隆起的大小、疏密、排列等特征，对蛇类以及蛇类药材制品进行鉴定。

根据重要粉末不同晶体形状、颜色、纹理等显微结构，可对各种动物胆皮、胆粉、穿山甲粉、海马粉等粉末状中药材进行鉴定。

二、偏光显微镜

偏光显微镜主要应用于野生动物毛发鉴定。不同种类动物的毛发厚度不同，导致产生彩色的干涉条纹，此差异是非常明显和可鉴别的。并且这种干涉图谱基本稳定，色反差大和分辨率也很高，可以达到物种识别的目的。不同动物毛发偏光图不同，在透射光和反射光下，毛发干涉条纹颜色、明暗、边界清晰度差异显著（图2-1）。

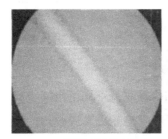 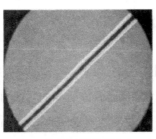 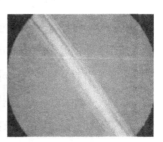

(a) 藏原羚毛发偏光图　　　(b) 华南虎毛发偏光图　　　(c) 藏野驴毛发偏光图

⊕ 图2-1

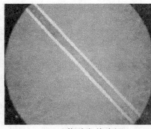

(d) 黑麂毛发偏光图　　　　(e) 云豹毛发偏光图　　　　(f) 小麂毛发偏光图

⊕ 图2-1　不同动物的毛发偏光图

第二节　理化鉴定

细胞的物质基础是各种有机物、无机物，包含 C、H、O、N、P、S 等元素。理化鉴定是针对野生动物及其制品的一些特有成分或有效成分的含量及变化规律，利用物理或者化学的方法进行动物物种鉴定的技术。理化鉴定多用于野生动物的毛发、器官组织、血液以及其加工成品等的鉴定。

一、物理技术鉴定

1. 光谱分析法

在鉴定样品背景不清楚时，利用光谱分析法全面分析检材的物理化学组成，将其与标准检材的相应组成进行比对，从而进行鉴定。主要包括红外光谱法、近红外光谱法、紫外光谱法等。

红外光谱法根据不同动物毛发中含有的微量元素和物质结构不同，产生的红外光谱特征曲线不同，从而达到鉴定目的。动物毛发的红外光谱指纹区在 $800 \sim 600 cm^{-1}$，根据指纹区图谱特征峰的位置和峰强高低不同可以区分科以上的动物。红外光谱图是由多种官能团的振动所形成相互交叉或叠加的吸收峰，一些弱吸收峰或被强吸收峰掩盖。通过傅里叶自去卷积技术对红外图谱进行解构，可以将原谱峰分成若干个子峰，避免了峰与峰之间的相互影响。

此外，二阶导数谱能够明显增加强光谱分辨率，可以区分一维红外图谱中的微小差异，进而获得更多的结构信息。这两种方法增加了对比分析的准确性和有效性，能够区分科以下的动物物种。除了用于动物毛发鉴定，红外光谱法还可以用于动物类药材、动物角及其制品、动物皮革制品等的物种鉴定。

与红外光谱法相比，近红外光谱法主要集中在 780 ～ 2500nm 范围内。在物种鉴定时，收集某一区域的野生动物组织近红外光谱图，并建立分析模型，可以对本区域的野生动物进行快速鉴定。此外根据近红外光谱分析模型还可鉴定肉样来源，是家养的或者野生的。

紫外光谱法多用来鉴定动物骨骼制品，如象牙、玳瑁、动物角及其制品等。不同动物中骨基质及角中含有的蛋白质不同，其紫外吸收光谱也不同；此外，由于牙类、骨类、角类制品含有磷元素等，这些类型的动物样本或制品在波长 365nm 紫外光下会呈蓝白色或蓝紫色荧光。

2. 快速蒸发电离质谱法

本方法通过电离切割组织样本释放气溶胶，然后经导管将气溶胶直接吸入质谱仪检测，从样品切割到数据生成仅需几秒，可实现对标志性差异成分的鉴定。它消除了与样品制备相关的诸多限制，可在数秒内为分析人员提供具有样品高度特征性的精确分子轮廓图，可用作鉴定关键属性的"指纹"。本方法近些年常应用于动物皮革制品的鉴定，因为该方法不受皮革表面涂层的干扰，也不因皮革制品在制造过程中的酸、碱和染色等化学处理引起的 DNA 降解而影响鉴定结果。

二、化学技术鉴定

1. 薄层色谱法和高效液相色谱法

这两种方法均是根据检材中含有的特定的某种或某几种成分差异进行物种

鉴定，常应用于动物源的中药制品鉴定。如根据熊胆汁中的熊去氧胆酸，可以确定胆囊是否来源于熊。根据麝香吡啶和 3- 甲基环十三酮、麝香酮，可确定检材是否来源于麝。根据特定元素还能分析中药蛤蚧、蛇胆、鹿茸粉、炮制穿山甲片（粉）等是否来源于相应的动物。

2. 蛋白质分析法

酶是动物体内生化反应的催化剂，是一类特殊的蛋白质。蛋白质是携带生物演化和发育遗传信息的信息分子，是基因的表达形式。不同物种的蛋白质的组成、结构和序列存在差异。对样本的蛋白质进行分析，根据蛋白质携带信息的异同可确定不同的物种。常用的分析是针对动物血液、毛发（毛发中含有毛发角蛋白）、肉类（甚至是烹饪过的肉类）进行物种鉴定。

3. 免疫学鉴定法

免疫学鉴定法是根据物种存在属种特异性抗体和抗原，不同物种抗体和抗原之间相互作用发生凝聚反应，其反应存在一定的规律，据此可以鉴定不同的物种。免疫学鉴定法可以用于鉴定血痕、组织碎屑、煮熟的肉等。

第三节　分子鉴定

一些动物或动物制品由于长期存放或者环境变化以及加工过程改变了理化特性，给理化鉴定带来了很大难度，此时，分子鉴定便具有更多的优势。因为 DNA 分子更加稳定且分布在动物机体的所有组织中，可以在多变的环境中长期存在，如高温高压下仍能保持相对稳定，且 DNA 作为野生动物物种鉴定的材料时，除了序列包含物种的特异性信息之外还不受发育阶段和个体的影响。因此近些年分子鉴定在野生动物及动物制品鉴定中应用较广泛。

一、简介

1. 基于线粒体 DNA 的鉴定技术

线粒体 DNA 是细胞中核 DNA 之外的遗传物质，在动物细胞中均呈环状结构，位于线粒体基质中。线粒体 DNA 在进行物种鉴定时具有以下优势。①闭合环状 DNA，较核 DNA 稳定，可以在陈旧标本、骨骼、皮张等样本中保留较长时间。②进化速度快。核基因由核蛋白相结合，核蛋白起到修复和保护的作用，相比之下线粒体 DNA 缺乏相应的保护，直接裸露于线粒体氧化磷酸化过程产生的高反应氧中，加上线粒体 DNA 修复能力有限，所以突变率高于核基因近 20 倍。线粒体 DNA 面临的选择压力比核基因小，遗传突变容易固定，可以用于区分种和亚种。③线粒体 DNA 不同基因不同区域进化速率不同。线粒体 DNA 基因组中，细胞色素 b 基因和细胞色素 C 氧化酶三个亚基（CO Ⅰ，CO Ⅱ，CO Ⅲ）的基因最保守，常用来进行动物物种鉴定；非编码控制区（D-Loop 区）也称控制区，是整个线粒体 DNA 基因组序列和长度变异最大的区域，碱基替换率比线粒体 DNA 基因组的其他区域高 5 ~ 10 倍，是线粒体 DNA 分子内的高变区，常用来进行个体识别以及家养或者野生的鉴别。基于线粒体 DNA 的诸多优点，只需含几百个碱基的线粒体 DNA 序列便可实现快速、准确和自动化的动物物种鉴定。在此基础上出现了 DNA 条形码技术，现在常用的 DNA 条形码片段为：CO Ⅰ、16S rRNA、12S rRNA、ND2、CytB 以及 D-Loop 区。

CO Ⅰ 和 CytB 基因具有大量高度同源区域，因此具有能够对多个物种 DNA 进行扩增的通用引物，可提高鉴定的成功率，这两个基因也成为物种鉴定中最常使用的基因。16S rRNA 和 12S rRNA 可从混合 DNA 样品中确定其中一个样品的来源，其可鉴定超过 99.9% 的哺乳动物。D-Loop 区可用于近缘物种的混合样品鉴定，也可应用于遗传关系鉴定。ND2 常与其他 DNA 条形码联合使用，用于鉴定标本、中药、皮张等深加工的动物制品。

目前常用的 DNA 条形码基因库有 GenBank、BOLD 等。相关介绍见表 2-1。

表2-1　DNA条形码基因库名称及简介

名称	简介
GenBank	GenBank是一个开放获取的序列数据库，对所有公开可利用的核苷酸序列与其翻译的蛋白质进行收集并注释
The Barcode of Life Data Systems（BOLD）	生命条形码数据系统是一个专业的DNA条形码序列数据库，也是一个用于分析DNA序列的在线平台
China National GeneBank DataBase	中国国家基因库数据库，是一个为科研社区提供生物大数据共享和应用服务的统一平台
International Barcode of Life Project	国际条形码计划利用DNA条形码技术加强人类了解和监测生物的多样性的能力。该计划的主要任务是扩大条形码的地理种群和分布范围
Consortium for the Barcode of Life	生命条形码联盟于2004年成立，是一个以DNA条形码作为物种鉴定标准的国际性发展联盟。迄今，已获取了约17万个物种的二百多万号标本DNA条形码序列
Marine Barcode of Life	海洋生命条形码是一项国际性倡议，旨在利用DNA条形码技术鉴定海洋生物并获取条形码记录
Mammalia Barcode of Life Campaign	哺乳类生命条形码旨在建立全球哺乳动物区系的DNA条形码文库，并进行全球性的相关合作
Fish Barcode of Life	收集30000种以上世界范围内鱼类条形码，旨在构建鱼类条形码参考数据库和简化鱼类物种鉴定过程
All Birds Barcoding Initiative	收集全球范围内约10000种已知鸟类DNA标准条形码，促进鸟类物种鉴定和新物种的发现
DNA Barcoding Amphibians & Reptiles	2013年成立，由中国科学院昆明动物研究所负责协调，建设两栖类和爬行类动物COⅠ条形码数据库

2. 基于核 DNA 的鉴定技术

　　细胞核 DNA 是代表物种特异性遗传信息的重要载体，其序列可以用于物种鉴定或定量分析，基于核 DNA 鉴定的技术有微卫星 DNA（STR）技术、单核苷酸多态性（SNP）标记技术以及下一代测序（NGS）技术等。由于保守性和物种特异性核 DNA 更能代表物种本身的遗传基因，因此在物种鉴定中，常用基于核 DNA 的鉴定技术来进行动物个体识别、同一性认定、亲缘关系鉴定、养殖与野生群体判断、动物源中药真伪鉴定等。

二、分子鉴定方法规范

（一）物种鉴定（线粒体DNA）操作规范

1. 制样

① 肌肉、内脏等组织：取 200mg 样品（约黄豆大小）放入研钵，用液氮充分研磨至糜状，或采用合适的冷冻粉碎均质装置对样品进行充分地研磨，至糜状。

② 血液：可直接进行 DNA 提取，无需制样。

③ 骨骼、牙齿（带牙髓）：使用锉刀或电钻等工具，将样品制备成粉末［牙齿样品需要进行脱钙处理，将粉末状样品 200mg 置于 2mL 离心管中，加入 1.5mL 0.5mol/L EDTA 缓冲液（pH 8.0），37℃恒温放置 12h，15000g 离心 1min，弃上清液，完成脱钙处理］。

④ 毛发（带毛囊）：采用冷冻粉碎均质装置对样品进行充分地研磨，至粉末状。

2. DNA 提取

① 取约 200mg 已经制备好的样品（或 200μL 血样）于 2mL 离心管中，加入 1.0 mL 2.0% CTAB 裂解液和 10μL 蛋白酶 K 溶液，振荡混匀，保持 65℃恒温静置 30min，其间每隔 10min 振荡混匀。

② 15000g 离心 10min，取上清液至一新的离心管，加入 300μL 三氯甲烷，涡旋振荡，充分混匀，15000g 离心 10min。

③ 取上清液至新的离心管中，加入 2 倍体积 0.5% CTAB 沉淀液，颠倒混匀，室温静置 1h，15000g 离心 5min，弃尽上清液。

④ 加入 400μL 1.2mol/L NaCl 溶液，室温放置 10min，使 DNA 全部溶解，加入 10μL RNase A 酶，37℃恒温放置 20min。

⑤ 加入 400μL 三氯甲烷，涡旋振荡充分混匀，15000g 离心 10min，取上清液至新的离心管，加入 0.7 倍体积的异丙醇，颠倒混匀，室温静置 10min，

15000g 离心 10min。

⑥弃尽上清液，加入 500μL 70% 乙醇，颠倒混匀，15000g 离心 2min，弃上清液。重复一次。

⑦短暂离心，将残余上清液吸尽，将 DNA 晾干。加入 20 ～ 100μL TE 溶液（毛发、骨骼、牙齿、血液等加入 20μL 左右，肌肉、内脏等加入 100μL 左右），使 DNA 完全溶解。DNA 样品保存于 –20℃备用。

注意：血痕、降解样本、少量毛发等 DNA 含量低的样品，宜采用相关试剂盒提取 DNA。

3. DNA 浓度和纯度的测定

吸取 DNA 提取液 2μL，以去离子水作为空白对照，使用 NanoDrop 微量核酸蛋白测定仪测定 DNA 模板的质量浓度及 A_{260nm}/A_{280nm}。DNA 的质量浓度（ng/μL）根据计算公式：

$$DNA的质量浓度 = A_{260nm} \times 50 \times 稀释倍数$$

式中，A_{260nm} 为 260nm 下紫外吸收值。

提取的 DNA 浓度要求大于等于 5ng/μL，A_{260nm}/A_{280nm} 的比值在 1.7 ～ 1.9。

4. PCR 扩增

在 0.2mL PCR 反应管中，按表 2-2 配制反应体系，将空白对照、阴性对照、待检样品、阳性对照中分别加入样品核酸 / 对照，盖上管盖，充分混匀。

表2-2　PCR反应体系

组分	加样量/μL	组分	加样量/μL
10×PCR缓冲液（不含Mg²⁺）	5	下游引物	1
MgCl₂（25mmol/L）	5	高保真DNA聚合酶（5U/μL）	0.5
dNTPs（10mmol/L）	1	样品核酸/对照	1
上游引物	1	去离子水	35.5

将已加样的 PCR 反应管短暂离心后放入 PCR 仪，扩增反应条件设定为 94℃预变性 2min；94℃变性 30s，46 ～ 65℃退火 30s，72℃延伸 45s，30 个循环；72℃延伸 7min；4℃保存。

退火温度根据引物不同而不同，常用鉴定引物如表 2-3 所示。

表2-3　常用物种鉴定引物

物种	DNA 条形码片段	引物序列（5'-3'）	退火温度 /℃
脊椎动物	CO I	F：TGTTTACCAAAAACATCACCTCCA	58
		R：AGTTAAAGCTCCATAGGGTCT	
脊椎动物	16S rRNA	F：ACAAATAAGACGAGAAGACCCT	55
		R：TGATCCAACATCGAGGTCGTAA	
脊椎动物	CytB	F：GACTTGAAAAACCACCGTTG	49
		R：CTCCGATCTCCGGATTACAAGAC	
鱼	16S rRNA	F：CGCCTGTTTATCAAAAACAT	52
		R：CCGGTCTGAACTCAGATCACGT	
鱼	CO I	F：TTCTCCACCAACCACAARGAYATYGG	52
		R：CACCTCAGGGTGTCCGAARAAYCARAA	
鱼	CytB1	F：TTCCTAGCCATAGAYTAYAC	50
		R：GGTGGCKCCTCAGAAGGACATTTGKCCYCA	
鱼	CytB2	F：CCTTCGTAATTGCAGGGGCC	50
		R：GARAABCCNCCYCATATTCATTG	
鱼	D-Loop	F：ACCCCTGGCTCCCAAAGC	50
		R：ATCTTAGCATCTTCAGTG	
鸟	CytB	F：CCTACTTAGGATCATTCGCCCT	55
		R：GTCTTCATCTCCGGTTTACAAGAC	
鸟	CO I	F：CCTCTATAAAAAGGTCTACAGCC	47
		R：GGGTAGTCCGAGTATCGTCG	
鸟	12S rRNA	F：AAAAAGCTTCAAACTGGGATTAGATACCCCACTAT	65
		R：TGACTGCAGAGGGTGACGGGCGGTGTGT	
两栖	CytB	F：GAACTAATGGCCCACACTATACGT	46
		R：AAATAGGAAGTATTCTGGTTTAAT	

注：如果一种引物扩增、测序效果不好，可选择多组引物进行扩增、测序。

5. 琼脂糖电泳和测序

用新鲜配制的 1×TAE 电泳缓冲液配制含 1μg/mL 溴化乙锭的 2% 琼脂糖凝胶。取适量扩增物和溴酚蓝指示剂按比例混匀后进行电泳检测，DNA Marker 同步电泳采用 5～8V/cm、1h，用凝胶成像仪或紫外透射仪观察，拍照记录结果。

当待测样品扩增片段在相应位置有条带，阴性对照和空白对照没有扩增片段时，结果成立；若待测样品无扩增片段或者片段大小不符则判断为 PCR 扩增结果阴性。

可将 PCR 扩增结果阳性产物进行双向序列测定，测序引物使用 PCR 扩增时引物。

6. 序列分析及物种鉴定

查看序列的原始峰图，将符合要求的序列进行拼接，去除引物片段后应能得到一个具有完整开放阅读框的拼接序列，除 D-Loop 区，均可翻译成一条完整的蛋白质序列。

将序列与 BOLD 或 GenBank 的序列进行 BLAST 对比，序列相似度最高且大于 98.0% 时，可以判定为同一种类；若相似度大于 98.0%，系统给出两个或两个以上的物种，需参考形态学特征或选择其他分子标记进行综合判断；序列相似度小于或等于 98.0% 时，不能进行种类的判断。当 BOLD 与 GenBank 给出不同结论时，以 BOLD 给出的结论为准，GenBank 给出的结论供参考。

（二）个体识别、亲缘关系认定（核DNA）操作规范

制样、DNA 提取、DNA 浓度和纯度的测定与线粒体 DNA 操作过程相同。

1. PCR 扩增

用于野生动物的微卫星或 SNP 特异性引物应具有多态性、稳定性、重复性等特点。推荐使用 9 个或 9 个以上微卫星（或 SNP）位点，其中 1 ~ 7 个为基本标记，其余为备选标记，可根据工作目标选择合适的微卫星（或 SNP）标记，只有当基本标记不够时，才使用备选标记。

在 0.2mL PCR 反应管中，按表 2-4 配制反应体系，将空白对照、待检样品中分别加入样品核酸 / 对照，盖上管盖，充分混匀。

表2-4 PCR反应体系

组分	加样量/μL	组分	加样量/μL
10×PCR缓冲液（不含Mg^{2+}）	2	高保真DNA聚合酶（5U/μL）	0.2
MgCl$_2$（25mmol/L）	2	样品核酸/对照	2
dNTPs（10mmol/L）	1	BSA（1mg/mL）	0.8
上游引物	0.5	去离子水	11
下游引物	0.5		

将已加样的 PCR 反应管短暂离心后放入 PCR 仪，扩增反应条件设定为 95℃预变性 5min，94℃变性 30s，55 ～ 65℃（根据不同的引物确定）退火 30s，72℃延伸 30s，35 个循环；72℃延伸 10min；4℃保存。

2. 个体识别和亲缘关系判断

将符合质量要求的 PCR 产物进行毛细管电泳。取 PCR 产物 1μL、11.5μL 甲酰胺、0.25μL 分子量内标混合，95℃变性 2 ～ 5min，在 4℃下放置 10min。以样品峰长度值和分子量内标的峰长度值的比定量。得到各标记的等位基因片段大小，计算基因型频率。

个体识别，包括对 2 个或 2 个以上的个体进行检测（直接比较）和对待检测样品进行检测后利用检测数据和数据库中个体的数据进行比对（数据库比较）。用 Microsatellite tools 软件根据微卫星位点的分型数据可进行个体识别。当两个样品的微卫星标记分型结果中有两个及以上标记分型结果不同时，判定样品来自不同个体；当只有一个标记差异时，应对出现差异的位点重复 PCR 扩增和基因分型，若两次结果一致，判定样品来自不同个体；当两个样品的微卫星标记分型结果无差异时，判定样品来自相同个体。

亲缘关系判断，累计非父排除率 ≥ 99.73%、父子关系相对概率 ≥ 99.95%

或累计亲权指数 ≥ 2000，判定争议父亲为生父；累计非父排除率 < 99.73%，并且有 3 个以上标记不符合孟德尔遗传分离规律时，排除亲缘关系；如果累计非父排除率 < 99.73%，并且有 3 个以下的标记不符合孟德尔遗传分离规律时，应适当增加检测的标记数量。具体公式如下。

① 个体、母亲和假定父亲的基因型均已知的情况。

根据单个微卫星 DNA 标记计算的非父排除概率公式：

$$PE_k = 1 - 2\sum_{i=1}^{n} p_i^2 + \sum_{i=1}^{n} p_i^3 + 2\sum_{i=1}^{n} p_i^4 - 3\sum_{i=1}^{n} p_i^5 - 2\left(\sum_{i=1}^{n} p_i^2\right)^2 + 3\left(\sum_{i=1}^{n} p_i^2\right)\left(\sum_{i=1}^{n} p_i^3\right)$$

式中，PE_k 为第 k 个微卫星 DNA 标记的非父排除概率；p_i 为第 k 个微卫星 DNA 标记第 i 个等位基因的频率；n 为标记数。

根据 k 个微卫星 DNA 标记计算的累计非父排除概率的公式：

$$CPE = 1 - (1 - PE_1)(1 - PE_2)(1 - PE_3)\cdots\cdots(1 - PE_k)$$

式中，CPE 为累计非父排除概率。

② 个体和一亲本的基因型已知，而另一亲本基因型未知的情况。

$$PE_k = 1 - 4\sum_{i=1}^{n} p_i^2 + 2\left(\sum_{i=1}^{n} p_i^2\right)^2 + 4\sum_{i=1}^{n} p_i^3 - 3\sum_{i=1}^{n} p_i^4$$

$$CPE = 1 - (1 - PE_1)(1 - PE_2)(1 - PE_3)\cdots\cdots(1 - PE_k)$$

③ 两个亲本的基因型均未知的情况。

$$PE_k = 1 + 4\sum_{i=1}^{n} p_i^4 - 4\sum_{i=1}^{n} p_i^5 - 3\sum_{i=1}^{n} p_i^6 - 8\left(\sum_{i=1}^{n} p_i^2\right)^2 + 8\left(\sum_{i=1}^{n} p_i^2\right)\left(\sum_{i=1}^{n} p_i^3\right) + 2\left(\sum_{i=1}^{n} p_i^3\right)^2$$

$$CPE = 1 - (1 - PE_1)(1 - PE_2)(1 - PE_3)\cdots\cdots(1 - PE_k)$$

④ 亲权指数（PI）和累计亲权指数（CPI）

$$PI = P_i / P_j$$

式中，PI 为亲权指数；P_i 为争议父亲提供生父基因的概率；P_j 为该基因在群体中的随机频率。

$$CPI = PI_1 \times PI_2 \times \cdots\cdots PI_k$$

式中，*CPI* 为累计亲权指数；*PI~k~* 为第 *k* 个标记的亲权指数。

⑤ 父子关系相对概率（*RCP*）

$$RCP = CPI / (CPI + 1) \times 100\%$$

式中，*RCP* 为父子关系相对概率；*CPI* 为累计亲权指数。

（三）陕西省常见野生动物微卫星（SNP）标记

1. 黑熊微卫星标记信息

位点	引物序列（5'-3'）	重复类型	退火温度/℃	等位基因大小/bp
UamA107	F：ATTCCCATTGGTGCCTCT R：CCCCCATCAAAAATCCAT	（AAAG）*n*	55	171～219
UamB1	F：GGCACCAATGTTACTTTCCTAC R：GTGGGTGGAGAGAAGTTTAGAA	（CATC）*n*	56	258～274
UamB5	F：CCGGTGGATCTATCTCAGAGT R：GGGATCTTGTCTATCCTGCTC	（CATC）*n*	55	172～188
UamB8	F：CATACCTGTGGCTGAATCTAG R：AGCACTCAGGATAGTTTCACTC	（CATC）*n*	55	303～323
UamC8	F：TTAAGGACACGTTTCAAACCTA R：CCAATTAGATCCGAATTTCTG	（TACA）*n*	55	201～213
UamC11	F：TCTGAATGCCCTCTTTAGTGAG R：GCAAAACCCTTAAAACTCAACA	（TACA）*n*	52	176～186
UamD2	F：ACACCTGTCTTCCCTTCCTAAC R：TTCCATCTGAGAGGCTGAAC	（TAGA）*n*	58	223～239
UamD3	F：TGGGAAAGACAGAACCATC R：AGGGATACAGCACATTTGC	（TAGA）*n*	55	242～258
UamD11	F：GGATGGATAGATGAATGGATG R：TGCTGTTGACCTTCTTGTTC	（TAGA）*n*	55	229～293
UamD103	F：AGCCTTATCAGTTAGGGTTTTC R：CTGGCTTTCAGACTGGAAC	（TAGA）*n*	55	184～214

位点	引物序列（5'-3'）	重复类型	退火温度/℃	等位基因大小/bp
UamD113	F：ATAGCCAAACTCAAAGTAATGG R：ATACGGGTCATAACAATGTCA	（TAGA）n	52	160~192
UamD118	F：TGGGTTTGGCATTTTTATC R：CAGAGCACCACACTGATACTC	（TAGA）n	55	197~213
UT1	F：GCAACTCTTCTCAGATGTTCACAAA R：CCCAGGTCAGCACTTGGCATAC	（GAAA）n	56	176~192
UT4	F：GAGTTATTGGCACTAAAATCTAATG R：CTGCAAATCCCTGCTCAACTTTC	（GAAA）n	59	157~182
UT29	F：GACATTGCCTTTTACAGAGCAG R：GGGCAGATCTCAACCACCATAAGC	（GAAA）n	55	204~236
UT35	F：ACTCCCTAGTAAGTAGAAAGCACAC R：CCCACAGGATGGGCTCAAGAA	（GAAA）n	53	218~247

2. 小麂、毛冠鹿、狍通用微卫星标记信息

位点	引物序列（5'-3'）	重复类型	退火温度/℃	等位基因大小/bp
RT1	F：TGCCTTCTTTCATCCAACAA R：CATCTTCCCATCCTCTTTAC	（GT）n	54	213~242
RT7	F：CCTGTTCTACTCTTCTTCTC R：ACTTTTCACGGGCACTGGTT	（GT）n	52.5	221~259
CSSM41	F：AATTTCAAAGAACCGTTACACAGC R：AAGGGACTTGCAGGGACTAAAACA	（AC）n	50	123~219
INIA121	F：GGGTGTGACATTTTGTTCCC R：CTGCTCGCCACTAGTCCTTC	（AC）n	53.9	206~257
BM203	F：GGGTGTGACATTTTGTTCCC R：CTGCTCGCCACTAGTCCTTC	（AC）n	56	201~235
BM1225	F：TTTCTCAACAGAGGTGTCCAC R：ACCCCTATCACCATGCTCTG	（AC）n	54	251~294

位点	引物序列（5'-3'）	重复类型	退火温度/℃	等位基因大小/bp
BM1706	F：ACAGGACGGTTTCTCCTTATG R：CTTGCAGGTTTCCCATACAAGG	（AC）n	57.5	251～293
BM720	F：GAAATTACAGTTTAGGGTTCCCC R：ACATCTCATTCTTGTGTCATGG	（AC）n	52.5	206～236
Mreg22	F：CAAGCAATAAGTGGCCTCTGAAG R：GGAGCAACTTGCTGCCTTTGC	（AG）n	54	254～299
Mreg25	F：GTTACAGCTCCGTTTTACCACTCA R：AAAGCCTGCAAAAAGAGAACAAAG	（AG）n	50	256～301
Mreg196	F：AGGAAGAACTTGCTGGTAAAAATG R：TCTTGTCTTCTATCTGGAGTCTGC	（AG）n	50	186～204
Mreg252	F：GCAACTGCCAGACTTTGCTG R：ACTTGAGGCAGGCACGGTC	（AG）n	54	196～227
Mreg260	F：AGGGCGGTAATGGAAAACAGAA R：TCCCCATGACAACGAAGAGC	（AG）n （GT）n	58	315～354
Mreg283	F：GGTAACCTGCAAGTCCTGTTC R：GTAGTTGGAGAACGCCAGAC	（AG）n	54	164～499
Mre39	F：AATTGGGAGACTGGGACTGAGA R：TGAATGAATGAAGCTGCTTGTAA	（AC）n	52	233～256
Mre61	F：AAGGGGGAGGTTGGTTTGAC R：GATGCCTGTGTGGACAGAGTTTGA	（AC）n	56	187～213

3. 羚牛微卫星标记信息

位点	引物序列（5'-3'）	重复类型	退火温度/℃	等位基因大小/bp
TK01	F：GGCTCTCCTTCAGTAATCTCA R：CGGGAGGAAGAGCAGTATTG	（TG）n	53	151～161
TK02	F：CGGAGGAAGAGCAGTATTG R：GGCTCTCCTTCAGTAATCTCA	（TC）n （TG）n	53	148～160
TK03	F：CCCTGGAGGAGGAAATAGCA R：CGCACGAGTACTACGATCACC	（AC）n	55	160～164

位点	引物序列（5'-3'）	重复类型	退火温度/℃	等位基因大小/bp
TK04	F：CCCTCACCACTCCACAGTCC R：AATGCAATCAATGGGTAGCAG	（AC）n	55	156～162
TK05	F：CGATCTGCTTTCAAACTAGGA R：GGAAATGGCAACCCAC	（GT）n	54	160～168
TK06	F：GAGGAGCCTGGTGGGTTATG R：AGAATTCGCACGAGTACTACG	（CA）n	53	129～137
TK07	F：GCACAGTGATGTCTATGGGTT R：AATTCGCACGAGTACTACG	（TG）n	53	154～168
TK08	F：CCACCTGTACCACTGTACACA R：CCCAAGTCTGGATACGAC	（AC）n	53	112～132
TK09	F：ACGATCACCTTGTGACAATCA R：GCAACCCACTCCAGTATTCT	（TG）n	55	148～156

4. 中华斑羚微卫星标记信息

位点	引物序列（5'-3'）	重复类型	退火温度/℃	等位基因大小/bp
SR-CRSP08	F：TGCGGTCTGGTTCTGATTTCAC R：CCTGCATGAGAAAGTCGATGCTTAG	（GT）n	53	220～227
SY12A	F：TTTCTGCTTCGCTGGACC R：AACCCACTTCAGTATTCTTGCTTA	（GT）n	60	198～216
SY48	F：TGGGGTCAGAAAGAGTCCG R：CAACGCACAGAAAGAAAGGC	（CA）n	55	138～146
SY58	F：CTATTGAACCTGTATCTCCCCC R：GCATTCTGGCTCTGGCAA	（GT）n	52	192～200
SY71	F：TGGAGTTTAGGGGCAGGA R：CACAGTGAGTATTGTTTTGCTTATTA	（GT）n	52	88～114
SY76	F：AGGGTTTGCTTTTCAGGAC R：CATCCATTACAGGAAGACTGC	（GT）n	63	131～149
SY84	F：GAACTGAACTTGTTAGTATGTTGGG R：TTGTTATGCTTGATGTTATTTTGTTAC	（CA）n	54	170～188
SY84B	F：GGTCTGTGACATTAGTTCCTTTCC R：GGCATTTTATTGGGGGAGAG	（CA）n	63	178～208

位点	引物序列（5'-3'）	重复类型	退火温度/℃	等位基因大小/bp
SY112	F：TCAATAATCAGGGCAGGCTC R：GTCCTTGTGTAGTCTGTGTGGG	（CA）n	63	196～210
SY129	F：GAAAAAGAAGCACACACACG R：AAGGTTTGTCCCCACATTC	（CA）n	63	137～147
SY242	F：GTGAGAAATAATACCTCCCTGAAG R：AACATCCAGACCAAAACTTGC	（GT）n	55	175～194
CSSM66	F：ACACAAATCCTTTCTGCCAGCTGA R：AATTTAATGCACTGAGGAGCTTGG	（GT）n	56	152～183
KCNA44	F：CTGGAAGAGATGTTAAAAGTA R：CACTGAATAAACAACTGCTCA	（TG）n	59	218～227
BM203	F：GGGTGTGACATTTGTTCCC R：CTGCTCGCCACTAGTCCTTC	（TG）n	60	214～222
ILST030Q	F：CTGCAGTTCTGCATATGTGG R：GTTTCTTCTTAGACAACAGGGGTTTGG	（TG）n	61	162～167

5. 林麝微卫星标记信息

位点	引物序列（5'-3'）	重复类型	退火温度/℃	等位基因大小/bp
Mb06	F：GATAAGCAGGCAGCAACG R：TGTCCAGGAAGAGGAGGG	（AC）n	58	294～302
Mb10	F：GTGGGAGGCAGGACAGA R：AAGGCTCAGGTACAGTCAAGAA	（AC）n	60	290～340
Mb18	F：CTCCAGGCAAGAACACTG R：GCAAGAAGTTATGCAATCAA	（GT）n	55	256～286
Mb30	F：TAGACCATGACGCCAGAT R：GCTACACTGAGCCACCTAA	（CA）n	59	150～168
Mb32	F：GCAAACACGACCAGAAAC R：CAGAAGGGAATGGCAGTA	（GT）n	58	181～197
Mb33	F：TCCTCGCTGATTATTTGG R：CGGATTCGTAAAGTGGGT	（GT）n	55	226～260
Mb34	F：CAACATTTGGGAGGAGGAT R：GTGAGGGCTTCTGGTGAT	（GT）nCT （GT）n	58	339～365

位点	引物序列（5'-3'）	重复类型	退火温度/℃	等位基因大小/bp
Mb38	F：AGTGAGGCGAGTCTGTGAG R：TCCCGTGTCCAAGAAAGT	（AC）n	60	259～285
Mb39	F：ATCAAACCCACATCTCCT R：TGCCCTGGTTAGAACTCC	（GT）nGC （GT）n	53	292～326
Mb43	F：TGGTGGCTGTTACCCTAT R：AAACCTGCATCTCCTGAA	（GT）n	57	119～157
MbA1	F：ATTTTGCTTGATAACTGC R：AATCCCCTATTACTGTGG	（CA）n	57	213～231
MbA3	F：GGGCATTCACTTGAGACA R：GGCAGGCAGGTCCTTTAC	（CA）n	53	336～348
Mb76C	F：GATGAGAATCAGGACGGGA R：CCCTTACTGCTGCTGTCAA	（GT）n	55	126～172

6. 穿山甲微卫星标记信息

位点	引物序列（5'-3'）	重复类型	退火温度/℃	等位基因大小/bp
MJA01	F：CAGAAGATGGCCTAGGTGGA R：CTTGGGGCAGAGCTATCTGA	（GT）n	54	187～219
MJA02	F：GAGGGTACATCCCACAAAGG R：GGGTACTTCCGAAGGAAATG	（GT）n	54	223～237
MJA03	F：TAGGTGGCAGACGATTTGCT R：CTGAGTGAGGCTGGCTTTCT	（CA）n	52	175～237
MJA05	F：GTGGAAGGCAGGAAAAACAA R：CCCTTTGGGAAGAGTGTGAA	（GT）n	50	261～299
MJA06	F：CTGGCAGATTCCATCTTGCT R：GGATGATGAAATACGGCTGAA	（CA）n	52	220～288
MJA07	F：CAGCCCAGGTAACAGACTGG R：TTCCATCTGGGTGTCCTACAG	（GT）n	56	238～270
MJA08	F：CACCCACATTATTGCAAACG R：AAAGATATTGCCACCCACTTG	（GT）n	50	178～184
MJA09	F：TCTGCATAAGGTTGAAGAGCAA R：GACAAGGCAGTGTTGCTGAA	（GT）n	51	200～216

位点	引物序列（5'-3'）	重复类型	退火温度/℃	等位基因大小/bp
MJA10	F：CTAGGGTTGGGTCCTTCCTC R：CTCAGGTGCTTTGGACTTAGG	（CA）n	56	211～245
MJA11	F：CTCACCGTGACAGCAGAGAC R：GCTTATCCTGGTTTCAATCATTC	（CA）n	56	188～224
MJA12	F：GGAGTGCTGAACTTGGGTGT R：TGGAGGGAAGTCTACCCAAA	（CA）n	54	178～186
MJA13	F：CTGGGGATGCCCTAATTTCT R：CACAGCACAGTTGGGATTGT	（GT）n	52	204～226
MJA14	F：CTTGGGGCAGAGCTATCTGA R：CAGAAGATGGCCTAGGTGGA	（CA）n	54	184～246
MJA15	F：TTTCGAAGATGGCCTAGGTG R：TCTGACCCCTGTTCTCCACT	（GT）n	52	173～205
MJA16	F：TTCCCCATCTTCTCCTTCCT R：TGAATGTTGTAAAGAGGTAAAAACCA	（CA）n	52	170～208
MJA17	F：AAAAAGGAGGGAGCCTTCTG R：AGCCGCTGCTTTATCACACT	（GT）n	52	173～211

7. 豹微卫星标记信息

位点	引物序列（5'-3'）	重复类型	退火温度/℃	等位基因大小/bp
FCA5	F：TCCTGGCATCCTCCCCATTTCA R：AAGGCTGACACATCCATCTGGG	（CA）n	57	140～162
FCA8	F：ACTGTAAATTTCTGAGCTGGCC R：TGACAGACTGTTCTGGGTATGG	（CA）n	53	132～148
FCA105	F：TTGACCCTCATACCTTCTTTGG R：TGGGAGAATAAATTTGCAAAGC	（CA）n	49	191～207
FCA43	F：GAGCCACCCTAGCACATATACC R：AGACGGGATTGCATGAAAAG	（CA）n	50	115～127
FCA90	F：ATCAAAAGTCTTGAAGAGCATGG R：TGTTAGCTCATGTTCATGTGTCC	（CA）n	53	115～125
FCA91	F：ACTCCCAACTTTCACATTCTGACT R：TGCCCAAACATAATCTCTGCAT	（CA）n	54	128～146

续表

位点	引物序列（5'-3'）	重复类型	退火温度/℃	等位基因大小/bp
FCA44	F：AGGGCCTGAACCAAGAGAAT R：TATTTACAGAGTGCACAGAGGAGG	（CA）n	56	110～126
FCA161	F：CCGATACACACCTGCCAAGATT R：TCACAGACGTGCTCTAGCCAAA	（CA）n	55	169～187
FCA304	F：TCATTGGCTACCACAAAGTAGG R：TAGCTGCATGCCATTGGGTAAC	（CA）n	55	119～139
FCA310	F：CTTTAATTGTATCCCAAGTGGTCA R：TCTTAATGCTGCAATGTAGGGCA	（CA）n	53	123～133
FCA391	F：GGCCTTCTAACTTCCTTGCAGA R：CATTTAGTTAGCCCATTTTCATCA	（ATAG）n	55	200～224

8. 亚洲狗獾微卫星标记信息

位点	引物序列（5'-3'）	重复类型	退火温度/℃	等位基因大小/bp
Mel101	F：ACGGTCCACCAATGATGAAT R：CACAAATGGGAAGGTGTCCT	（CA）n	60	120～136
Mel102	F：CTATAATGGAAGGTGGGTTGA R：ACACGGATTTAACGCCTACG	（GT）n	57	193～199
Mel103	F：CCCTGAAAGGCTATTGGGTA R：GGCTGATGCATTTAGTCTGG	（AC）n	60	255～263
Mel104	F：CCTTGTGAACTCACTGCAAC R：TACACTGACACCCTCAAGTCC	（GT）nG （GT）n	57	315～331
Mel105	F：GATATTCCCCTCCCACCACT R：CTCCAAGGGATCCTGGAACT	（CA）n	60	136～150
Mel106	F：CTGAAGCCAAATCCACTGAG R：GCCACACTGGTGCCCAAG	（CA）n	58	220～226
Mel107	F：CAAGATCTCCGCAATTCTCC R：AACCCTAAATGTCTGTCAGTGG	（GT）n	60	284～288
Mel108	F：GTCTGGAGCCCCATGTTG R：TCTTTGGAATGGAAGTTAATGG	（CA）n	60	322～326

位点	引物序列（5'-3'）	重复类型	退火温度/℃	等位基因大小/bp
Mel109	F：TGCCAATTAAGTGTCACGGT R：ATGTTTCCAGTTCTCAGACGC	（GT）n	58	106～126
Mel110	F：CATGTTTGCCATTGGAAGG R：GCCAGTGCTTGAAATAAAGTAG	（GT）n	56	324～334
Mel111	F：TGCATACAGCTCCCTGAAAG R：GTGGTAGATGCTGGGATAGTG	（CA）n	58	130～138
Mel113	F：ATAGTTTGGGTTATTTTCTGGG R：TTGAGAGGAAAGACCCTACG	（CA）n	56	120～130
Mel114	F：TGCTGAGAGTAGAGTGAACATG R：AGAAGTGACAGAGATGAAGATAAA	（CA）n	56	231～237
Mel116	F：AATAATTGTCAAGTCAATCACCG R：CCCATTCCCTTAGAAAGCAC	（TG）n	58	113～135

9. 用于区分狼和狗的 SNP 引物

引物名称	引物序列（5'-3'）	退火温度/℃
rs22103787	F：CAAGGAGGGGCTCAACCTCA R：AGAAGGGGTGTGTTGGTTTCTACA	64
rs22835438	F：GGGATTGAACCCCTGACCTGAGT R：TGAACCATGACCACCCCTCGT	66
rs23249721	F：TGAAATGCTCTCCGGCTGAGGT R：TCCATGCTAAATGTCCCAGGAG	63
rs23608542	F：ACTTCTCCACGCGGAAACACTT GAAATGGAAGGTGGCATTAGAACC	63
rs23882488	F：GTCCTAGTCCTGGTCCATAGAAGAGC R：AAGTCCGAGAAAAGTGGAGGATAGAT	62
rs24163825	F：GCTAGTCCTATGCCCTGAAACTCAT R：TCCTTATGAGCCTTAGTTTTGCTACCT	62
rs24189603	F：GGAGCTCGGAGTGACTATACTGGAAT R：CCTCGGATGCAGTCTGTTTCTCTG	65

续表

引物名称	引物序列（5'-3'）	退火温度/℃
rs24198287	F：GTAGGCCAGTCTTCAGTGTGGTGA R：GGCATGATTCCTGGTGGTTTTC	64
rs24355642	F：CTCATAAAATCGGGAGCCTTGCTT R：GCAGTATACACAGCAATCCAGCAGA	64
rs24383001	F：TACGTCTGACGCCAAAACCCACT R：CACCTGCACATTTGGGCCACT	67
rs24863098	F：GTGAGCAGAGTTGCATGGCACA R：GCTGCTGCCTCTCAAGGACGA	67
rs9089629	F：TGGATTTGTTGCCTCTCCCCTAGT R：CTACACTGTAAATGGGCAGCTACATCC	65
rs9159232	F：TCCCACCTACATCTGCTTCTGTGT R：GGGATGACTTGTCAAGGAACTGAGAC	64

10. 用于区分家猪和野猪的 SNP 引物

引物名称	引物序列（5'-3'）	退火温度/℃
W1	F：TGGCTCTGCATGAATATGCT R：GGGAGCTGTGAAACAAAGGA	60
W2	F：CTGGCAAGCACAGAGTCAAA R：AGGTAGACACTGACAGGGAT	60
W3	F：TCTAGCATCACTGGCGCATA R：AATCCTTATGCTCAGAACACCT	60
W4	F：GGTACCTGCACAGGGTGAGT R：ATGATGCTCACTGGCACAAC	60
W5	F：CGCTTTGCTCAGGTTTAAGG R：GCTCCTGGGACTGTCTGTTC	60
MC1R-1	F：GTGAGCGTGAGCAACATGCT R：CACCATGGAGCCGCAGAT	54
MC1R-2	F：CGCCCGGCTCCACAA R：ACGCCCAGCAGGATGGT	50
NR6A1	F：AGGGCTTCAGAGAGCAACCA R：TGAAGCTCACCTGGAGGACAGT	54

第四节 野生动物及其制品 常见鉴定技术规范、标准

DNA 条形码筛选与质量要求 SN/T 4625—2016

DNA 条形码物种鉴定操作规程 SN/T 4626—2016

畜禽微卫星 DNA 遗传多样性检测技术规程 NY/T 1673—2008

穿山甲物种鉴定技术规范 SN/T 5200—2020

法庭科学 DNA 实验室检验规范 GA/T 383—2014

红外光谱分析方法通则 GB/T 6040—2019

虎物种鉴定实时荧光 PCR 方法 SN/T 5338—2021

近红外光谱定性分析通则 GB/T 37969—2019

林麝物种鉴定技术规范 SN/T 5201—2020

梅花鹿物种鉴定技术规范—实时荧光 PCR 法 SN/T 5202—2020

牛个体及亲子鉴定微卫星 DNA 法 GB/T 27642—2011

偏光显微镜 GB/T 24665—2009

纺织品 山羊绒、绵羊毛、其他特种动物纤维及其混合物定量分析 第 1 部分：光学显微镜法 GB/T 40905.1—2021

水产动物物种分子鉴定 CO I、16S rRNA 分子标记法 DB21/T 3120—2019

野生动物及其产品的物种鉴定规范 LY/T 2501—2015

应用微卫星 DNA 标记扭角羚个体司法鉴定技术规范 DB51/T 2582—2019

应用微卫星 DNA 标记亚洲黑熊个体司法鉴定技术规范 DB51/T 2410—2017

鱼类物种鉴定 PCR-RFLP 结合基因芯片分析法 DB21/T 2628—2016

鱼类物种鉴定 基因条形码的检测技术规范 SN/T 5203—2020

中国普氏野马的物种鉴定方法 PCR 方法 SN/T 3329—2012

重点保护野生动物（偶蹄目、奇蹄目）DNA 条形码司法鉴定技术规范 DB51/T 2406—2017

参考文献

[1] AN J, CHOI S K, SOMMER J, et al. A core set of microsatellite markers for conservation genetics studies of Korean goral (*Naemorhedus caudatus*) and its cross-species amplification in Caprinae species[J]. Journal of Veterinary Science, 2010, 11 (4): 351-353.

[2] ANDREJEVIC M, MARKOVIC M K, BURSAC B, et al. Identification of a broad spectrum of mammalian and avian species using the short fragment of the mitochondrially encoded cytochrome b gene[J]. Forensic Science Medicine and Pathology, 2019, 15 (2): 169-177.

[3] BALOG J, PERENYI D, GUALLAR-HOYAS C, et al. Instantaneous identification of the species of origin for meat products by rapid evaporative ionization mass spectrometry[J]. Journal of Agricultural & Food Chemistry, 2016, 64 (23): 4793.

[4] CONYERS C M, ALLNUTT T R, HIRD H J, et al. Development of a microsatellite-based method for the differentiation of european wild boar (*Sus scrofa scrofa*) from domestic pig breeds (*Sus scrofa domestica*) in food[J]. Journal of Agricultural & Food Chemistry, 2012, 60 (13): 3341-3347.

[5] DALTON D L, KOTZE A. DNA barcoding as a tool for species identification in three forensic wildlife cases in South Africa[J]. Forensic Science International, 2011 (207): 51-54.

[6] DANIEL S, BENDEGUZ M, KRISZTIAN F, et al. Development of wild boar species-specific DNA markers for a potential quality control and traceability method in meat products[J]. Food Analytical Methods, 2021, 14: 18-27.

[7] HEBER P D N, CYWINSKA A, BALL S L, et al. Biological identifications through DNA barcodes[J]. Proceedings of the Royal Society of London, 2003, 270 (1512): 313-321.

[8] HEBER P D N, RATNASINGHAM S, WARD J R. Barcoding animal life: cytochrome coxidase subunit 1 divergences among closely related species[J]. Proceedings of the Royal Society of London, 2003, 270: 96-99.

[9] HEBER P D N, STOECKLE M Y, ZEMLAK T S, et al. Identification of birds through DNA barcodes[J]. PLOS Biology, 2004, 2 (10): 1657-1663.

[10] HSIEH H M, CHIANG H L, TSAI L C, et al. Cytochrome b gene for species identification of the conservation animals[J]. Forensic Science International, 2001, 122 (1): 7-18.

[11] JIANG H H, LI B, MA Y, et al. Forensic validation of a panel of 12 SNPs for identification of Mongolian wolf and dog[J]. Scientific Reports, 2020, 10, 13249.

[12] LORENZINI R, FANELLI R, TANCREDI F, et al. Matching STR and SNP genotyping to discriminate between wild boar, domestic pigs and their recent hybrids for forensic purposes[J]. Scientific Reports, 2020, 10（1）: 3188.

[13] LUO S J, CAI Q X, DAVID V A, et al. Isolation and characterization of microsatellite markers in pangolins（Mammalia Pholidota Manis spp.）[J]. Molecular Ecology Notes, 2007, 7（2）: 269-272.

[14] MEREDITH E, RODZEN J A, BANKS J D, et al. Characterization of 29 teranucleotide microsatellite loci in black bear（*Ursus americanus*）for use in forensic and population applications[J]. Conservation Genetics, 2009, 10（3）: 693-696.

[15] MURPHY R W, CRAWFORD A J, BAUER A M, et al. Cold code: the global initiative to DNA barcode amphibians and nonavianreptiles[J]. Molecular Ecology Resources, 2013, 13（2）: 161-167.

[16] SOLIMAN S A. Morphological and histochemical description of quail feather development[J]. The Anatomical Record, 2020, 303（7）: ar.24276.

[17] WANG H, LUO X, SHI W B, ZHANG B W. Development and characterization of fourteen novel microsatellite loci in Chinese muntjac（*Muntiacus reevesi*）[J]. Conservation Genetics Resources, 2013, 5（4）: 1083-1085.

[18] WANG H, LUO X, SHI W B, ZHANG B W. Isolation and characterization of polymorphic microsatellite loci of the Chinese muntjac（*Muntiacus reevesi*）[J]. Genetics & Molecular Research, 2014, 13（1）: 1905-1908.

[19] WARD R D, ZEMLAK T S, INNES B H, et al. DNA barcoding Australia's fish species[J]. Philosophical Transactions of the Royal Society B: Biological Sciences, 2005, 360（1462）: 1847-1857.

[20] ZHANG S C, YUE B S, ZOU F D. Isolation and characterization of microsatellite DNA markers from forest musk deer（*Moschus berezovskii*）[J]. Zoological Research, 2007, 28（1）: 24-27.

[21] ZOU Z T, UPHYRKINA O V, FOMENKO P, et al. The development and application of a multiplex short tandem repeat（STR）system for identifying subspecies, individuals and sex in tigers[J]. Integrative Zoology, 2015, 10（4）: 376-388.

[22] Andrew T S, 解炎. 中国兽类野外手册[M]. 长沙: 湖南教育出版社, 2009.

[23] 阿迪力·艾合麦提, 阿依努尔·阿卜杜艾尼, 布威海丽且姆·阿巴拜科日, 等. DNA

条形码技术在野生哺乳动物物种鉴定中的可行性[J]. 野生动物学报, 2019, 40 (1): 5-10.

[24] 包海鹰. 用紫外分光光度法鉴别4种鹿角[J]. 吉林农业大学学报, 1998, 20 (3): 3.

[25] 陈代贤, 郭月秋, 任玮. 11种鹿茸显微组织特征比较鉴别[J]. 中药材, 2000, 23 (12): 4.

[26] 费梁. 中国两栖动物图鉴[M]. 郑州: 河南科学技术出版社, 2000.

[27] 费梁, 胡淑琴, 叶昌媛, 等. 中国动物志两栖纲 (上卷) 总论蚓螈目有尾目[M]. 北京: 科学出版社, 2006.

[28] 费梁, 孟宪林. 常见蛙蛇类识别手册[M]. 北京: 林业出版社, 2005.

[29] 高峰, 于伯华, 王丽娟, 等. 基因条形码技术在鱼类物种识别与鉴定中的应用[J]. 中国动物检疫, 2015, 32 (6): 44-47.

[30] 巩会生, 马亦生, 曾治高, 等. 陕西秦岭及大巴山地区的鸟类资源调查[J]. 四川动物, 2007, 26 (4): 746-759.

[31] 郭海涛. 貉 (*Nyctereutes procyonoides*) 和狼 (*Canis lupus*) 毛发的红外光谱研究[J]. 四川农业大学学报, 2013, 31 (4): 451-455.

[32] 郭海涛, 薛晓明, 侯森林. 红外光谱分析在野生动物毛发鉴定中的应用[J]. 江苏农业科学, 2011, 39 (6): 495-497.

[33] 贺培建, 阮向东, 方盛国. 12S rRNA在黑麂和黄麂物种鉴定中的应用[J]. 兽类学报, 2004, (4): 350-352.

[34] 侯森林, 周用武. 野生动物识别与鉴定[M]. 北京: 中国人民公安大学出版社, 2012.

[35] 胡诗佳, 王利利, 彭建军. 鸟羽显微鉴定技术及应用的研究及展望[J]. 四川动物, 2008, 27 (4): 4.

[36] 黄群. 偏光显微图像识别在野生动物鉴定中的应用[J]. 信息记录材料, 2007, 8 (1): 32-34.

[37] 季达明, 温世生. 中国爬行动物图鉴[M]. 郑州: 河南科学技术出版社, 2002.

[38] 乐佩琦, 陈宜瑜. 中国濒危动物红皮书: 鱼类[M]. 北京: 科学出版社, 1998.

[39] 李孟华, 王海生, 赵书红, 等. DNA分子标记在动物个体识别与亲权鉴定方面的应用[J]. 生物技术通报, 2001 (5): 4-7.

[40] 李先敏, 汤列香, 余玲江. 陕西省重点保护兽类的分布与保护[J]. 陕西师范大学学报: 自然科学版, 2006, 34 (B3): 4.

[41] 刘启福, 宋秀秦, 贾长恩, 等. 虎骨与猪、牛、猫、熊、豹、狗骨的紫外光谱对比鉴别[J]. 北京中医药大学学报, 1995, 18 (3): 64-65.

[42] 刘潇潇, 乔莉, 林锦峰, 等. 穿山甲违法炮制的粉末X射线衍射快速筛查[J]. 时珍国医国药, 2016, 27 (12): 2929-2931.

[43] 刘逊，张华峰，刘雪梅，等. 4种不同基原穿山甲炮制品的鉴定[J]. 中药材，2017，40（3）：585-588.

[44] 潘登，李英，胡鸿兴，等. 川金丝猴群体的微卫星多态性研究[J]. 科学通报，2005，50（22）：2489-2494.

[45] 曲利明. 中国鸟类图鉴[M]. 福州：海峡出版发行集团，2014.

[46] 隋洪玉，周立红，孙启时，等. 中药豹骨及其伪品的鉴别[J]. 沈阳药科大学学报，2000，17（z1）：95-97.

[47] 汪松. 中国濒危动物红皮书：兽类[M]. 北京：科学出版社，1998.

[48] 王慧琛. 紫外分光光度法在中药材真伪鉴别中的应用[J]. 天津药学，2001，13（4）：22-23.

[49] 王盛民. 中药材检索鉴别手册[M]. 北京：学苑出版社，2005.

[50] 王通，涂飞云，刘俊，等. 基于DNA条形码进行鸟类物种司法鉴定[J]. 江西林业科技，2019，47（3）：46-47，55.

[51] 吴华，胡杰，万秋红，等. 梅花鹿的微卫星多态性及种群的遗传结构[J]. 兽类学报，2008，28（2）：109-116.

[52] 吴孝兵，顾长明. 锦蛇属六种鳞片扫描电镜研究[J]. 安徽师范大学学报（自科版），1994，17（3）：59-64.

[53] 徐厚来，李艳波，孙菊慧. 广角、犀角和伪品水牛角的鉴别[J]. 人参研究，2004，16（3）：2.

[54] 许涛清，曹永汉. 陕西省脊椎动物名录[M]. 西安：陕西科学技术出版社，1997.

[55] 许亚春，熊超，姜春丽，等. DNA条形码技术在动物类药材熊胆粉及其混伪品鉴定中的应用[J]. 中国中药杂志，2018，43（4）：645-650.

[56] 薛超波，王萍亚，李素芳，等. 一对同时鉴定8种动物源性成分的通用引物的制备及应用[J]. 现代食品科技，2017，33（6）：271-275.

[57] 张辉，姚辉，崔丽娜，等. 基于CO Ⅰ条形码序列的《中国药典》动物药材鉴定研究[J]. 世界科学技术—中医药现代化，2013，15（3）：371-380.

[58] 张荣祖. 中国哺乳动物分布[M]. 北京：林业出版社，1997.

[59] 张亚平，王文，宿兵，等. 大熊猫微卫星DNA的筛选及其应用[J]. 动物学研究，1995，16（4）：301-306.

[60] 张余，何立言，张莉莉，等. 犀牛角及其仿制品的鉴定特征[J]. 宝石和宝石学杂志，2021，23（1）：48-54.

[61] 赵尔宓. 中国濒危动物红皮书：两栖类和爬行类[M]. 北京：科学出版社，1998.

[62] 赵正阶. 中国鸟类志[M]. 长春：吉林科学技术出版社，2001.

[63] 郑光美，王岐山.中国濒危动物红皮书：鸟类[M].北京：科学出版社，1998.

[64] 郑生武，宋世英.秦岭兽类志[M].北京：林业出版社，2010.

[65] 郑作新.中国鸟类系统检索[M].北京：科学出版社，2002.

[66] 周用武，王泽威.利用偏光显微镜检验鉴定兽类毛发的初步报告[J].四川动物，2006，
      25（3）：440，614.

[67] 朱照祥，茅云霞.显微、紫外光谱方法检测羚羊角与山羊角、羚羊角胶囊的真伪和掺
      骨塞及钙含量[J].中国现代应用药学，2005（z1）：3.

[68] 庄琳，徐燕红，宋小娇.6种动物毛发红外光谱特征分析[J].湖北农业科学，2016，55
      （21）：5618-5619，5642.

附录 陕西省重点保护野生动物名录（2022年）

序号	中文名	学名	分类地位	备注
1	小齿猬	*Mesechinus miodon*	哺乳纲、劳亚食虫目、猬科	新增；重新核定种
2	艾鼬	*Mustela eversmanni*	哺乳纲、食肉目、鼬科	新增
3	虎鼬	*Vormela peregusna*	哺乳纲、食肉目、鼬科	新增
4	鼬獾	*Melogale moschata*	哺乳纲、食肉目、鼬科	
5	亚洲狗獾	*Meles leucurus*	哺乳纲、食肉目、鼬科	狗獾更名
6	猪獾	*Arctonyx collaris*	哺乳纲、食肉目、鼬科	
7	花面狸	*Paguma larvata*	哺乳纲、食肉目、灵猫科	
8	狍	*Capreolus pygargus*	哺乳纲、偶蹄目、鹿科	
9	小麂	*Muntiacus reevesi*	哺乳纲、偶蹄目、鹿科	
10	红白鼯鼠	*Petaurista alborufus*	哺乳纲、啮齿目、鼯鼠科	新增
11	复齿鼯鼠	*Trogopterus xanthipes*	哺乳纲、啮齿目、鼯鼠科	新增
12	短嘴豆雁	*Anser serrirostris*	鸟纲、雁形目、鸭科	豆雁亚种提升的种
13	斑头雁	*Anser indicus*	鸟纲、雁形目、鸭科	
14	翘鼻麻鸭	*Tadorna tadorna*	鸟纲、雁形目、鸭科	
15	罗纹鸭	*Mareca falcata*	鸟纲、雁形目、鸭科	新增
16	绿头鸭	*Anas platyrhynchos*	鸟纲、雁形目、鸭科	
17	斑嘴鸭	*Anas zonorhyncha*	鸟纲、雁形目、鸭科	
18	赤嘴潜鸭	*Netta rufina*	鸟纲、雁形目、鸭科	
19	白眼潜鸭	*Aythya nyroca*	鸟纲、雁形目、鸭科	新增
20	长尾鸭	*Clangula hyemalis*	鸟纲、雁形目、鸭科	新增；陕西新记录
21	红翅凤头鹃	*Clamator coromandus*	鸟纲、鹃形目、杜鹃科	
22	彩鹬	*Rostratula benghalensis*	鸟纲、鸻形目、彩鹬科	
23	红腹滨鹬	*Calidris canutus*	鸟纲、鸻形目、鹬科	新增
24	绿鹭	*Butorides striata*	鸟纲、鹈形目、鹭科	新增

续表

序号	中文名	学名	分类地位	备注
25	草鹭	*Ardea purpurea*	鸟纲、鹳形目、鹭科	
26	中白鹭	*Ardea intermedia*	鸟纲、鹈形目、鹭科	
27	三宝鸟	*Eurystomus orientalis*	鸟纲、佛法僧目、佛法僧科	新增
28	寿带	*Terpsiphone incei*	鸟纲、雀形目、王鹟科	新增
29	灰头灰雀	*Pyrrhula erythaca*	鸟纲、雀形目、燕雀科	
30	酒红朱雀	*Carpodacus vinaceus*	鸟纲、雀形目、燕雀科	
31	白眉朱雀	*Carpodacus dubius*	鸟纲、雀形目、燕雀科	
32	黄喉鹀	*Emberiza elegans*	鸟纲、雀形目、鹀科	
33	中华鳖	*Pelodiscus sinensis*	爬行纲、龟鳖目、鳖科	仅限野外种群
34	太白县壁虎	*Gekko taibaiensis*	爬行纲、蜥蜴目、壁虎科	
35	秦岭滑蜥	*Scincella tsinlingensis*	爬行纲、蜥蜴目、石龙子科	新增
36	白头蝰	*Azemiops feae*	爬行纲、蛇目、蝰科	新增
37	秦岭蝮	*Gloydius qinlingensis*	爬行纲、蛇目、蝰科	
38	中华珊瑚蛇	*Sinomicrurus macclellandi*	爬行纲、蛇目、眼镜蛇科	新增
39	宁陕县线形蛇	*Stichophanes ningshaanensis*	爬行纲、蛇目、游蛇科	宁陕小头蛇更名
40	乌梢蛇	*Ptyas dhumnades*	爬行纲、蛇目、游蛇科	新增
41	玉斑蛇	*Euprepiophis mandarinus*	爬行纲、蛇目、游蛇科	新增；玉斑锦蛇更名
42	黑眉晨蛇	*Orthriophis taeniura*	爬行纲、蛇目、游蛇科	新增；黑眉锦蛇更名
43	王锦蛇	*Elaphe carinata*	爬行纲、蛇目、游蛇科	
44	棕黑锦蛇	*Elaphe schrenckii*	爬行纲、蛇目、游蛇科	新增
45	秦皇锦蛇	*Elaphe xiphodonta*	爬行纲、蛇目、游蛇科	新增；新定名种
46	乌华游蛇	*Sinonatrix percarinata*	爬行纲、蛇目、游蛇科	新增；华游蛇更名
47	宝兴齿蟾	*Oreolalax popei*	两栖纲、无尾目、角蟾科	新增
48	小角蟾	*Megophrys minor*	两栖纲、无尾目、角蟾科	文献记录
49	秦岭雨蛙	*Hyla tsinlingensis*	两栖纲、无尾目、雨蛙科	新增；秦岭树蟾更名
50	中国林蛙	*Rana chensinensis*	两栖纲、无尾目、蛙科	仅限野外种群
51	隆肛蛙	*Feirana quadranus*	两栖纲、无尾目、叉舌蛙科	新增
52	斑腿泛树蛙	*Polypedates megacephalus*	两栖纲、无尾目、树蛙科	斑腿树蛙更名
53	大鳞黑线鳘	*Atrilinea macrolepis*	硬骨鱼纲、鲤形目、鲤科	灭绝等级
54	鳡	*Elopichthys bambusa*	硬骨鱼纲、鲤形目、鲤科	

续表

序号	中文名	学名	分类地位	备注
55	鳡	*Ochetobius elongatus*	硬骨鱼纲、鲤形目、鲤科	
56	赤眼鳟	*Squaliobarbus curriculus*	硬骨鱼纲、鲤形目、鲤科	新增
57	翘嘴鲌	*Culter alburnus*	硬骨鱼纲、鲤形目、鲤科	仅限野外种群
58	尖头鲌	*Chanodichthys oxycephalus*	硬骨鱼纲、鲤形目、鲤科	仅限野外种群
59	方氏鲴	*Xenocypris fangi*	硬骨鱼纲、鲤形目、鲤科	
60	唇鱎	*Hemibarbus labeo*	硬骨鱼纲、鲤形目、鲤科	新增
61	鲤	*Cyprinus carpio*	硬骨鱼纲、鲤形目、鲤科	新增；仅限黄河流域种群
62	中华倒刺鲃	*Spinibarbus sinensis*	硬骨鱼纲、鲤形目、鲤科	仅限野外种群
63	长江孟加拉鲮	*Bangana rendahli*	硬骨鱼纲、鲤形目、鲤科	华鲮更名；仅限野外种群
64	齐口裂腹鱼	*Schizothorax prenanti*	硬骨鱼纲、鲤形目、鲤科	仅限野外种群
65	郃阳高原鳅	*Triplophysa heyangensis*	硬骨鱼纲、鲤形目、条鳅科	
66	陕西高原鳅	*Triplophysa shaanxiensis*	硬骨鱼纲、鲤形目、条鳅科	
67	岷县高原鳅	*Triplophysa minxianensis*	硬骨鱼纲、鲤形目、条鳅科	新增
68	巴山高原鳅	*Triplophysa bashanensis*	硬骨鱼纲、鲤形目、条鳅科	新增
69	黄龙县高原鳅	*Triplophysa huanglongensis*	硬骨鱼纲、鲤形目、条鳅科	
70	汉水扁尾薄鳅	*Leptobotia hansuiensis*	硬骨鱼纲、鲤形目、花鳅科	
71	东方薄鳅	*Leptobotia orientalis*	硬骨鱼纲、鲤形目、花鳅科	
72	兰州鲇	*Silurus lanzhouensis*	硬骨鱼纲、鲇形目、鲇科	新增；仅限野外种群
73	细体拟鲿	*Pseudobagrus pratti*	硬骨鱼纲、鲇形目、鲿科	仅限野外种群
74	大眼鳜	*Siniperca kneri*	硬骨鱼纲、鲈形目、鮨鲈科	仅限野外种群
75	乌鳢	*Channa argus*	硬骨鱼纲、鲈形目、鳢科	新增；仅限野外种群
76	周氏环蛱蝶	*Neptis choui*	昆虫纲、鳞翅目、蛱蝶科	新增
77	太白虎凤蝶	*Luehdorfia taibai*	昆虫纲、鳞翅目、凤蝶科	新增
78	陕灰蝶	*Sinthusa chandrana*	昆虫纲、鳞翅目、灰蝶科	新增
79	雷氏金灰蝶	*Chrysozephyrus leii*	昆虫纲、鳞翅目、灰蝶科	新增
80	玻窗弄蝶	*Coladenia vitrea*	昆虫纲、鳞翅目、弄蝶科	新增

索　引

Melogale moschata 鼬獾
Merops philippinus 栗喉蜂虎
Moschus berezovskii 林麝
Moschus moschiferus 原麝
Motacilla alba 白鹡鸰
Muntiacus reevesi 小麂
Mustela sibirica 黄鼬

N

Naemorhedus griseus 中华斑羚
Naja atra 舟山眼镜蛇
Ninox scutulata 鹰鸮
Nipponia nippon 朱鹮

O

Oriolus chinensis 黑枕黄鹂
Otis tarda 大鸨
Otus lettia 领角鸮
Otus sunia 红角鸮

P

Paguma larvata 花面狸
Panthera pardus 豹
Panthera tigris 虎
Petaurista alborufus 红白鼯鼠
Phaenicophaeus tristis 绿嘴地鹃
Phasianus colchicus 环颈雉

Phoenicurus auroreus 北红尾鸲
Pica pica 喜鹊
Platalea leucorodia 白琵鹭
Platysternon megacephalum 平胸龟
Prionailurus bengalensis 豹猫
Procapra gutturosa 蒙原羚
Ptyas dhumnades 乌梢蛇
Pardofelis temminckii 金猫
Pycnonotus sinensis 白头鹎
Pycnonotus xanthorrhous 黄臀鹎
Python bivittatus 蟒蛇（缅甸蟒）

R

Rhinopithecus roxellana 金丝猴

S

Spizixos semitorques 领雀嘴鹎
Spodiopsar cineraceus 灰椋鸟
Sternula albifrons 白额燕鸥
Spilopelia chinensis 珠颈斑鸠
Streptopelia orientalis 山斑鸠

T

Tachybaptus ruficollis 小鸊鷉
Terpsiphone incei 寿带
Tringa erythropus 鹤鹬
Turdus eunomus 斑鸫

Turdus naumanni 红尾斑鸫

Upupa epops 戴胜
Urocissa erythroryncha 红嘴蓝鹊
Ursus thibetanus 黑熊

Viverra zibetha 大灵猫

Viverricula indica 小灵猫
Vulpes vulpes 赤狐

Zoothera dauma 虎斑地鸫